液晶电视机维修从入门到精通

韩雪涛◎主 编
吴瑛 韩广兴◎副主编

化学工业出版社

·北京·

内容简介

本书采用全彩色图解的方式，从液晶电视机维修基础入手，全面系统地介绍液晶电视机维修的专业知识和技能。主要内容包括液晶电视机的维修基础、维修工具和仪表，液晶电视机电视信号接收电路、数字信号处理电路、系统控制电路、音频信号处理电路、开关电源电路、接口电路及逆变器电路的结构、特点、电路原理、维修方法与维修案例以及液晶电视机维修技术资料。

本书内容全面实用，重点突出，图解演示配合大量维修案例力求使读者全面掌握液晶电视机维修技能。为了方便读者学习，本书在重要知识点还配有视频讲解，扫描书中二维码即可观看，视频配合图文讲解，轻松掌握维修技能。

本书可供家电维修人员学习使用，也可供职业院校、培训学校相关专业师生参考。

图书在版编目（CIP）数据

液晶电视机维修从入门到精通/韩雪涛主编；吴瑛，
韩广兴副主编. —北京：化学工业出版社，2023.11
ISBN 978-7-122-43979-6

Ⅰ.①液… Ⅱ.①韩… ②吴… ③韩… Ⅲ.①液晶电视机-
维修 Ⅳ.①TN949.192

中国国家版本馆CIP数据核字（2023）第152783号

责任编辑：李军亮　徐卿华　　　　　　　　文字编辑：李亚楠　陈小滔
责任校对：李露洁　　　　　　　　　　　　装帧设计：王晓宇

出版发行：化学工业出版社（北京市东城区青年湖南街13号　邮政编码100011）
印　　装：北京瑞禾彩色印刷有限公司
787mm×1092mm　1/16　印张18¾　字数482千字　2024年2月北京第1版第1次印刷

购书咨询：010-64518888　　　　　　　　　售后服务：010-64518899
网　　址：http://www.cip.com.cn
凡购买本书，如有缺损质量问题，本社销售中心负责调换。

定　　价：99.00元　　　　　　　　　　　　　　　　　　版权所有　违者必究

前　言

随着电子技术的发展和人们生活水平的提高，液晶电视机已经成为生活中比较重要的家电产品。液晶电视机技术的发展，带动了生产、销售、维修等一系列产业链的发展，特别是售后维修领域，市场需要大批具备专业维修技能的从业人员。然而，如何能够在短时间内学会电路知识，掌握液晶电视维修技能，是成为一名合格的液晶电视机维修人员的关键，为此我们从初学者的角度出发，根据岗位实际需求编写了本书。

本书涵盖了目前市场上主流的液晶电视产品，在编写时根据液晶电视的维修特点，将维修知识与技能紧密结合，全面介绍液晶电视机各组成电路的结构、工作原理，并结合典型案例详细讲解各种故障的特点和维修方法，帮助读者快速掌握实操技能，并将所学内容运用到工作中。

本书具有以下主要特点。

1. 立足于初学者，以就业为导向

本书首先对读者的定位和岗位需求进行了充分的调研，然后从液晶电视机的维修基础入手，将目前流行的液晶电视按照维修特点划分为各单元模块，并针对不同故障特点和检修流程提炼维修方法和维修技巧。

2. 知识全面，贴近实际需求

液晶电视机维修的学习最忌与实际需求脱节。维修过程中所涉及的基础电路知识不是单纯的理论学习，而是通过对实际样机的解剖、对电路进行深入的分析，将实际电路板与电路图相结合，通过对照让读者清楚电路结构组成和电路工作流程，建立科学的检修思路。然后通过大量实际维修案例的讲解，让读者掌握各种不同的维修方法和维修技巧，最终掌握维修技能。

3. 彩色图解，更直观易懂

本书的编写充分考虑读者的学习习惯和岗位特点，将维修知识和技能通过图解演示的方式呈现，非常直观，力求让读者一看就懂，一学就会。在检修操作环节，运用大量的实际维修场景照片，结合图解演示，让读者真实感受维修现场，充分调动学习的主观能动性，提升学习的效率。

4. 配二维码视频讲解，学习更方便

本书对关键知识和技能配视频和维修技术资料二维码，用手机扫描书中二维码，即可通过观看教学视频同步实时学习对应知识和实操技能，同时还可以通过维修技术资料掌握相关的维修知识，帮助读者轻松入门，在短时间内获得较好的学习效果。

本书由数码维修工程师鉴定指导中心组织编写，编写人员有行业工程师、高级技师和一线教师，使读者在学习过程中如同有一群专家在身边指导，将学习和实践中需要注意的重点、难点一一化解，大大提升学习效果。同时，读者可登录数码维修工程师的官方网站获得超值技术服务。

本书由韩雪涛主编，吴瑛、韩广兴任副主编，参与本书编写的还有张丽梅、宋明芳、朱勇、吴玮、吴惠英、张湘萍、高瑞征、韩雪冬、周文静、吴鹏飞、唐秀鸯、王新霞、马梦霞、张义伟、冯晓茸等。

由于水平有限，书中难免会出现疏漏和不足，欢迎读者指正。

编者

第9章　液晶电视机的逆变器电路

第10章　液晶电视机常用检修工具和仪表

第11章　检修液晶电视机电视信号接收电路

第12章

检修液晶电视机数字信号处理电路

第13章

检修液晶电视机系统控制电路

第16章　检修液晶电视机接口电路

第17章　检修液晶电视机逆变器电路

第18章　液晶电视机常见故障检修案例

附录　液晶电视机维修技术资料

视频讲解目录

第1章 液晶电视机的结构

近年来数字技术的发展、大规模集成电路芯片制作技术以及液晶屏制作工艺的进步，为液晶电视机的发展提供了强大的技术支持。与传统显像管电视机相比，液晶电视机具有外形简洁美观、重量轻、节省空间、显像清晰度高、色彩丰富、使用寿命长、省电和辐射低等优点。图 1-1 所示为常见的液晶电视机。

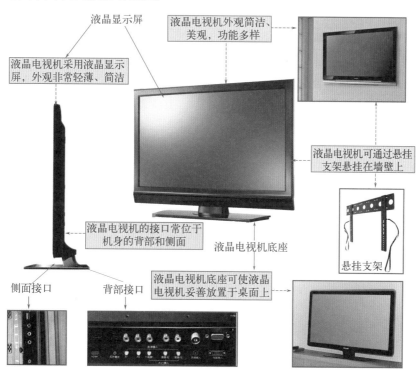

图1-1　常见的液晶电视机

1.1 液晶电视机的整机结构

（1）液晶电视机的外部结构

图 1-2 所示为典型液晶电视机的外部结构。在液晶电视机正面可看到液晶显示屏、左右声道扬声器、电源指示灯等，从液晶电视机背面可找到铭牌标识、输入 / 输出接口、电源接口、电源开关等部分。

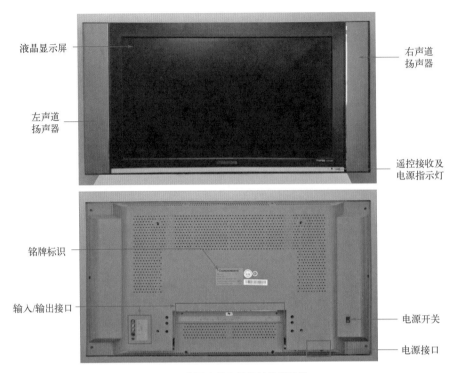

液晶显示屏

右声道
扬声器

左声道
扬声器

遥控接收及
电源指示灯

铭牌标识

输入/输出接口

电源开关

电源接口

图1-2　典型液晶电视机的外部结构

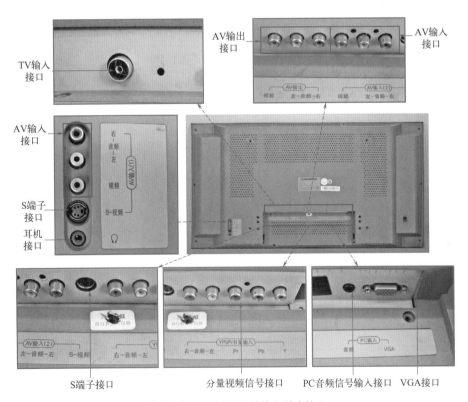

TV输入
接口

AV输出
接口

AV输入
接口

AV输入
接口

S端子
接口

耳机
接口

S端子接口

分量视频信号接口

PC音频信号输入接口

VGA接口

图1-3　典型液晶电视机的输入/输出接口

图 1-3 所示为典型液晶电视机的输入 / 输出接口。根据接口附近的标识可以知道，该液晶电视机的输入 / 输出接口，包括 TV 输入接口（即天线接口或调谐器接口）、AV 输入 / 输出接口、VGA 接口、S 端子接口、分量视频信号接口、耳机接口等。

相关资料

除了上述几种接口外，现在许多液晶电视机上都带有 HDMI 接口，如图1-4 所示。

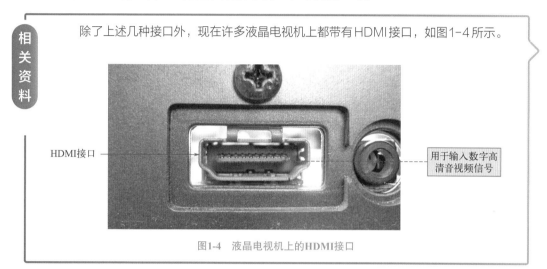

HDMI接口　　　　　　　　　　　　　　用于输入数字高清音视频信号

图1-4　液晶电视机上的HDMI接口

（2）液晶电视机的内部结构

将液晶电视机的后机壳打开，便可以看到液晶电视机内部的主要电路和器件，如图 1-5 所示。从图中可以看到，液晶电视机主要是由电视信号接收电路板、主电路板（包括音频、数字信号处理和系统控制等部分）、电源电路板、逆变器电路板、液晶屏驱动电路板、扬声器、显示屏组件等构成的。

液晶电视机的内部结构

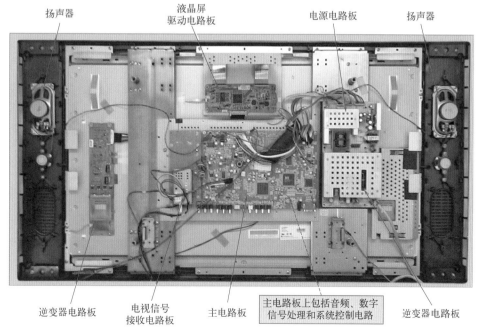

扬声器　　　液晶屏驱动电路板　　　电源电路板　　　扬声器

逆变器电路板　电视信号接收电路板　主电路板　主电路板上包括音频、数字信号处理和系统控制电路　逆变器电路板

图1-5

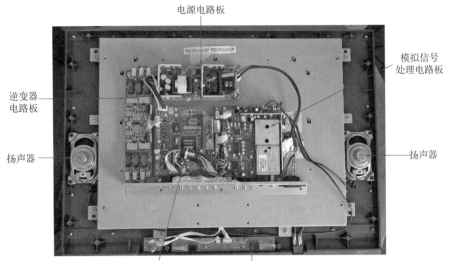

电源电路板

模拟信号
处理电路板

逆变器
电路板

扬声器

扬声器

数字信号处理电路板　　操作显示电路板

图1-5　典型液晶电视机的内部结构

 提示

要了解液晶电视机的结构组成，除了进行拆卸直接观察外，还可通过查询液晶电视机的维修手册和技术资料，来了解相关液晶电视机的结构组成。图1-6所示为典型液晶电视机结构分解图。从图中可以了解到液晶电视机的结构组成以及各部件间的位置关系。

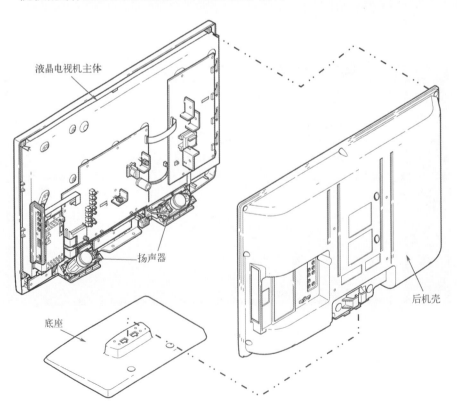

液晶电视机主体

扬声器

后机壳

底座

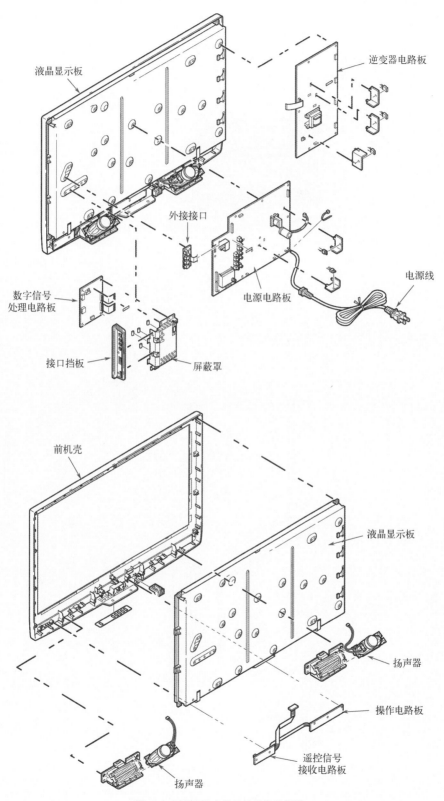

液晶显示板

逆变器电路板

外接接口

数字信号
处理电路板

电源电路板

电源线

接口挡板

屏蔽罩

前机壳

液晶显示板

扬声器

操作电路板

遥控信号
接收电路板

扬声器

图1-6　典型液晶电视机的结构分解图

① 显示屏组件　液晶显示屏是由显示屏组件和驱动电路板构成的。如图 1-7 所示，显示屏组件主要由背部光源部分和液晶屏一体板组成，驱动电路板的连接软排线与液晶屏一体板制成一体。

液晶屏一体板（液晶屏和驱动电路）　背部光源部分：金属壳、背光灯、反光板、导光板、光扩散膜　背部光源部分

图1-7　液晶电视机的显示屏组件

 提示

图1-8为典型显示屏组件的结构分解图。通过该图可了解显示屏组件各部分的结构组成和位置关系。

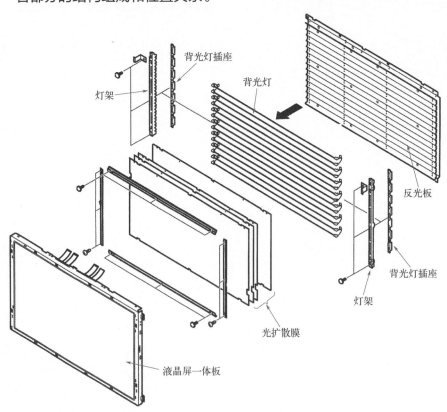

背光灯插座　背光灯　灯架　反光板　背光灯插座　灯架　光扩散膜　液晶屏一体板

图1-8　典型显示屏组件的结构分解图

② 扬声器　图 1-9 所示为液晶电视机的左、右声道扬声器，四个扬声器分成两组，分别安装在液晶电视机两侧，由音频功率放大器驱动发声。

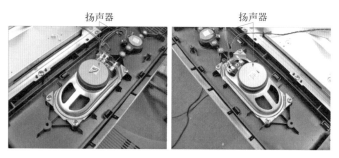

图1-9 液晶电视机的左、右声道扬声器

1.2 液晶电视机的电路结构

图 1-10 所示为典型液晶电视机的整机电路结构框图。从图中可以看出，液晶电视机的电路部分主要是由电视信号接收电路、数字信号处理电路、系统控制电路、音频信号处理电路、开关电源电路、接口电路和逆变器电路等构成的。

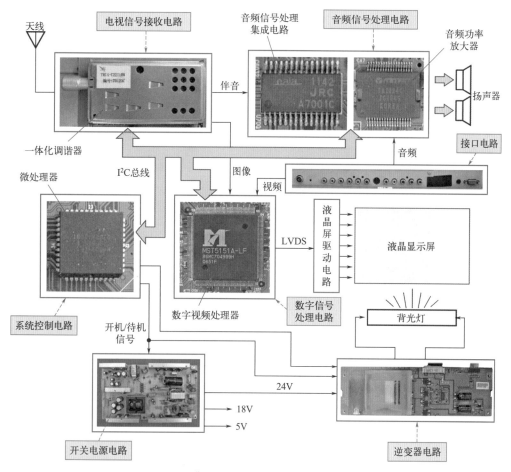

图1-10 典型液晶电视机的整机电路结构框图

（1）电视信号接收电路

图 1-11 所示为典型液晶电视机的电视信号接收电路。该电路主要由一体化调谐器构成，该调谐器内部集成有中频电路，它对天线信号或有线电视信号进行处理后可直接输出第二伴音信号和图像信号。

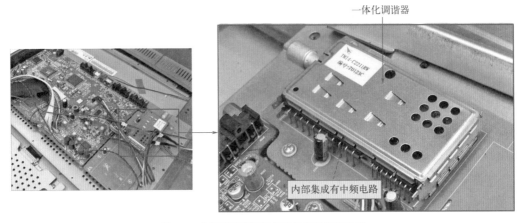

图1-11　典型液晶电视机的电视信号接收电路

相关资料　目前，市场上流行的液晶电视机中电视信号接收电路主要有两种形式：一种为一体化调谐器（内部集成有调谐器部分和中频电路部分）；一种为调谐器和中频电路各自独立。这两种电路虽然结构形式有所不同，但其工作原理和功能是相同的。图1-12所示为典型液晶电视机中的调谐器和中频电路。

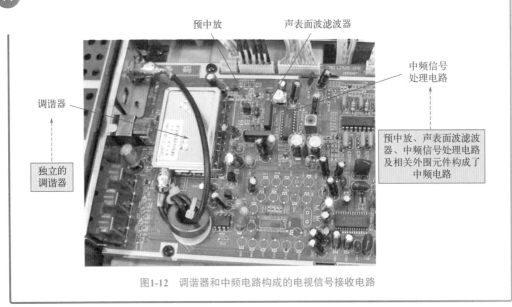

图1-12　调谐器和中频电路构成的电视信号接收电路

（2）数字信号处理电路

数字信号处理电路可以对输入的模拟视频图像信号或数字视频信号进行格式转换、数字处理等，输出 LVDS 信号（低压差分信号，即液晶显示屏驱动信号）驱动液晶显示屏还原出图像。图 1-13 所示为典型液晶电视机的数字信号处理电路。该数字信号处理电路与系统控制电路、音频信号处理电路一起共用一块电路板。

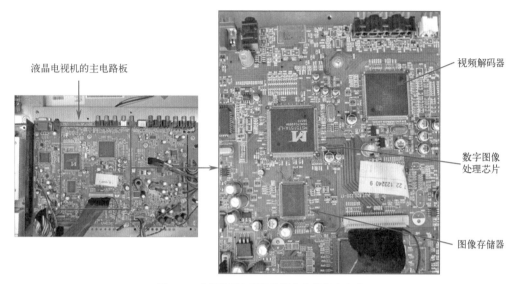

液晶电视机的主电路板

视频解码器

数字图像处理芯片

图像存储器

图1-13 典型液晶电视机的数字信号处理电路

（3）系统控制电路

系统控制电路是对液晶电视机各个部分进行控制的电路，它的核心部分是微处理器，简称 CPU，此外该电路还包括晶体、存储器等元器件，如图 1-14 所示。通常系统控制电路可在主电路板上找到，微处理器呈正方形，引脚较多，外形与数字视频处理电路相似，在其附近可找到晶体以及小型的存储器。

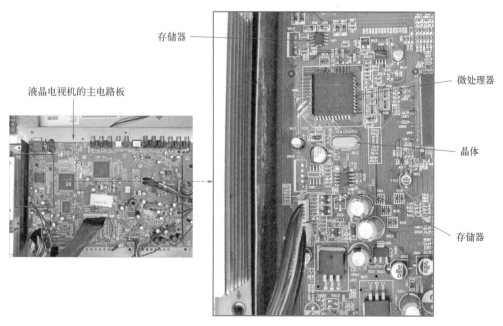

存储器

液晶电视机的主电路板

微处理器

晶体

存储器

图1-14 典型液晶电视机的系统控制电路

（4）音频信号处理电路

音频信号处理电路主要用来处理输入的音频信号，并驱动扬声器发声。该电路主要由音频信号处理集成电路、音频功率放大器以及外围元器件构成，如图1-15所示。在音频功率放大器附近可找到与扬声器连接的音频输出接口。

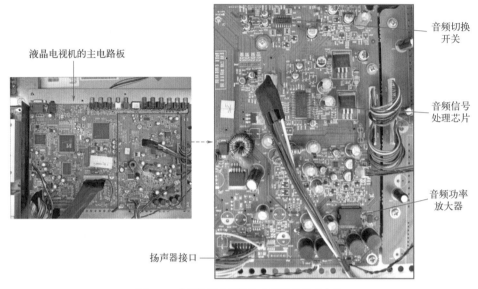

液晶电视机的主电路板

音频切换开关

音频信号处理芯片

音频功率放大器

扬声器接口

图1-15　典型液晶电视机的音频信号处理电路

（5）开关电源电路

开关电源电路为液晶电视机的整机提供工作电压，它可将交流220V电压变成直流+12V、+24V、+5V等多路直流电压，输送到液晶电视机的各电路中。

图1-16为典型液晶电视机的开关电源电路。通常根据液晶电视机的电源线，便可找到开关电源电路板，在该机型的开关电源电路板上可找到开关变压器、滤波电容器等有特点的元器件以及屏蔽罩。

滤波电容器

开关变压器

交流220V输入

直流电压输出接口

散热片

图1-16　典型液晶电视机的开关电源电路

（6）接口电路

在液晶电视机中，各种外部的视频和音频信号均是由输入接口输入的，同时在液晶电视机上还设有输出接口，用来输出处理后的视频和音频信号。图1-17所示为典型液晶电视机的接口电路，液晶电视机的各种接口通常设计在主电路板上，与接口附近的电子元器件和芯片构成接口电路。

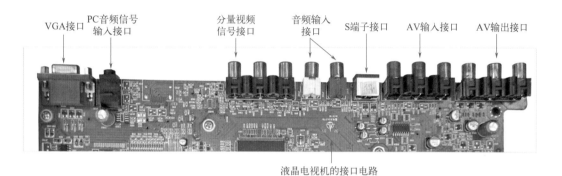

图1-17　典型液晶电视机的接口电路

（7）逆变器电路

逆变器电路用来为背光灯灯管供电，通过调节逆变器电路输出的交流电压便可对液晶显示屏的亮度进行调整。

通常，逆变器电路呈长方形，单独设计在一块电路板上或与开关电源电路共用一块电路板，在逆变器电路上可找到脉宽信号产生集成电路和升压变压器以及多个场效应晶体管，如图1-18所示。

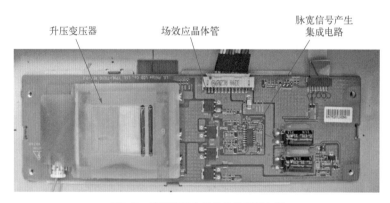

图1-18　典型液晶电视机的逆变器电路

第2章 液晶电视机的维修基础

2.1 液晶电视机的故障特点和检修方案

2.1.1 液晶电视机的故障特点

　　检测液晶电视机，首先要对液晶电视机的故障特点有所了解。如图 2-1 所示，液晶电视机的故障表现主要反映在"图像显示不良""显示屏本身异常""声音播放不良"和"部分功能失常"四个方面。

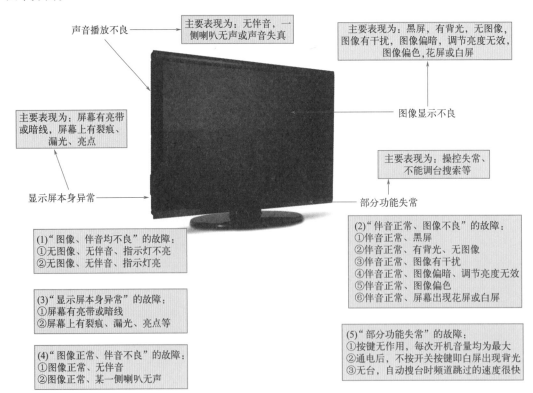

声音播放不良 —— 主要表现为：无伴音，一侧喇叭无声或声音失真

主要表现为：黑屏，有背光，无图像，图像有干扰，图像偏暗，调节亮度无效，图像偏色，花屏或白屏

主要表现为：屏幕有亮带或暗线，屏幕上有裂痕、漏光、亮点

图像显示不良

主要表现为：操控失常、不能调台搜索等

显示屏本身异常

部分功能失常

(1)"图像、伴音均不良"的故障：
①无图像、无伴音、指示灯不亮
②无图像、无伴音、指示灯亮

(3)"显示屏本身异常"的故障：
①屏幕有亮带或暗线
②屏幕上有裂痕、漏光、亮点等

(4)"图像正常、伴音不良"的故障：
①图像正常、无伴音
②图像正常、某一侧喇叭无声

(2)"伴音正常、图像不良"的故障：
①伴音正常、黑屏
②伴音正常、有背光、无图像
③伴音正常、图像有干扰
④伴音正常、图像偏暗、调节亮度无效
⑤伴音正常、图像偏色
⑥伴音正常、屏幕出现花屏或白屏

(5)"部分功能失常"的故障：
①按键无作用，每次开机音量均为最大
②通电后，不按开关按键即白屏出现背光
③无台，自动搜台时频道跳过的速度很快

图2-1　液晶电视机的故障表现

　　综合四方面的故障表现，我们可以将液晶电视机的故障大体划分为 5 大类，即："图像、

伴音均不良"的故障、"伴音正常、图像不良"的故障、"显示屏本身异常"的故障、"图像正常、伴音不良"的故障和"部分功能失常"的故障。

其中，图像显示又可细分为光、图和色三个方面。因此，液晶电视机的故障还可根据现象再进行细致的划分。在维修液晶电视机时，首先要能够通过观察、倾听和操控等检查手段准确对故障表现进行判别。

（1）液晶电视机"图像、伴音均不良"的故障

"图像、伴音均不良"的故障主要是指液晶电视机图像显示和声音播放都存在问题。这类故障可以细致划分为2种："无图像、无伴音、指示灯不亮"和"无图像、无伴音、指示灯亮"。

①"无图像、无伴音、指示灯不亮"的故障　图2-2所示为液晶电视机"无图像、无伴音、指示灯不亮"的故障表现。这种故障也称为"三无"或"黑屏"故障，主要表现为：打开液晶电视机后，整机无反应，电源指示灯不亮，屏幕为黑屏，没有图像显示，也听不到声音。

没有图像显示

没有声音播放

电源指示灯不亮

按动电源开关，液晶电视机没有任何反应。这种故障也被称为"三无"故障

图2-2　"无图像、无伴音、指示灯不亮"的故障表现

 提示

　　液晶电视机不开机，指示灯也无法点亮，说明电视机的电源电路无法启动，多为电源电路和微处理器工作不正常。

②"无图像、无伴音、指示灯亮"的故障　图2-3所示为液晶电视机"无图像、无伴音、指示灯亮"的故障表现。这种故障主要表现为：接通液晶电视机电源后，电源指示灯亮，二次开机正常，屏幕能够点亮（光栅正常），没有图像显示，也听不到声音。

 提示

　　液晶电视机中，屏幕能够"点亮"，从表象上看，就好像液晶电视机开机后，没有信号输入时的工作状态。
　　液晶电视机屏幕能够"点亮"，表明其电源、背光驱动等电路基本正常；图像和伴音全无，则多为电视中处理图像和伴音信号的公共通道不良，如天线、电视信号接收电路（包括调谐器、预中放、声表面波滤波器、中频电路，或将上述元件集成在一起的一体化调谐器）等部分。

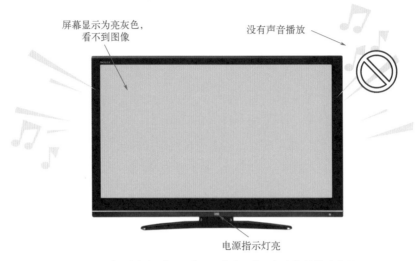

屏幕显示为亮灰色，
看不到图像

没有声音播放

电源指示灯亮

图2-3　液晶电视机"无图像、无伴音、指示灯亮"的故障表现

（2）液晶电视机"伴音正常、图像不良"的故障

①"伴音正常、黑屏"的故障　图 2-4 所示为液晶电视机"伴音正常、黑屏"的故障表现。这种故障主要表现为：接通液晶电视机电源后，开机正常，但屏幕未能点亮（无光栅），呈黑屏现象，但声音播放正常。

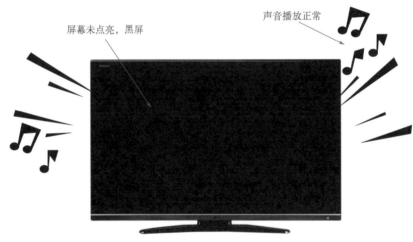

屏幕未点亮，黑屏

声音播放正常

图2-4　液晶电视机"伴音正常、黑屏"的故障表现

  提示

　　液晶电视机声音播放正常，表明其开关电源、信号接收机音频信号处理等电路基本正常；屏幕不能点亮，多为背光灯驱动电路（即逆变器电路）不良或背光灯不良。

②"伴音正常、有背光、无图像"的故障　图 2-5 所示为液晶电视机"伴音正常、有背光、无图像"的故障表现。这种故障主要表现为：接通液晶电视机电源后，开机正常，且屏幕能点亮（有光栅），声音播放也正常，但无任何图像显示。

屏幕背光点亮，
无图像显示

声音播放正常

图2-5　液晶电视机"伴音正常、有背光、无图像"的故障表现

 提示

　　屏幕能点亮（白光栅），且伴音正常，说明前级信号正常，供电电路等公共电路基本正常，可能是图像信号输入或处理电路存在故障。

　　③ "伴音正常、图像有干扰"的故障　图 2-6 所示为液晶电视机"伴音正常、图像有干扰"的故障表现。这种故障主要表现为：接通液晶电视机电源后，开机正常，声音播放正常，但图像显示异常，有时有扭曲状或网纹干扰，有些字符显示也有明显干扰。

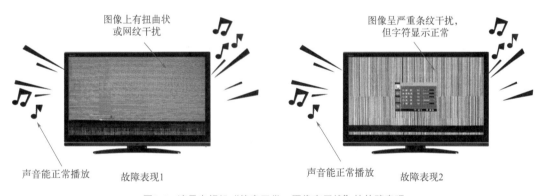

图像上有扭曲状
或网纹干扰

图像呈严重条纹干扰，
但字符显示正常

声音能正常播放　　故障表现1

声音能正常播放　　故障表现2

图2-6　液晶电视机"伴音正常、图像有干扰"的故障表现

 提示

　　液晶电视机开机正常、伴音正常，则表明其主要的公共电路部分基本正常，应对图像信号处理通道进行重点排查。

　　④ "伴音正常、图像偏暗、调节亮度无效"的故障　图 2-7 所示为液晶电视机"伴音正常、图像偏暗、调节亮度无效"的故障表现。这种故障主要表现为：接通液晶电视机电源后，开机正常，声音播放正常，图像显示基本正常，只是图像亮度偏暗，调整电视机亮度参数没有效果。

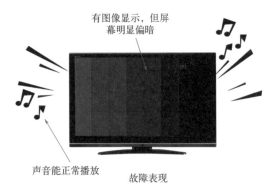

有图像显示，但屏幕明显偏暗

声音能正常播放

故障表现

图2-7 液晶电视机"伴音正常、图像偏暗、调节亮度无效"的故障表现

 提示

由于伴音正常，只是图像亮度偏暗，可能是背光灯老化，驱动电路、数字信号处理电路、系统控制电路某一处不良引起的。

⑤"伴音正常、图像偏色"的故障　图2-8所示为液晶电视机"伴音正常、图像偏色"的故障表现。这种故障主要表现为：接通液晶电视机电源后，开机正常，声音播放正常，有图像显示，但图像颜色不正，缺少某种颜色或偏重某种颜色。

声音能正常播放

屏幕有图像显示，但颜色有异，少色或偏色

图2-8 液晶电视机"伴音正常、图像偏色"的故障表现

 提示

液晶电视机可开机、伴音正常，则表明电源电路、系统控制电路、信号接收及音频信号处理通道正常。图像偏色分为两种情况：一种是缺少或偏重某种颜色；一种是图像颜色异常，应重点对图像三基色信号处理和色度信号通道进行检查。

⑥"伴音正常、屏幕出现花屏或白屏"的故障　图2-9所示为液晶电视机"伴音正常、屏幕出现花屏或白屏"的故障表现。这种故障主要表现为：接通液晶电视机电源后，开机正常，声音播放正常，图像异常，出现白屏或花屏现象。

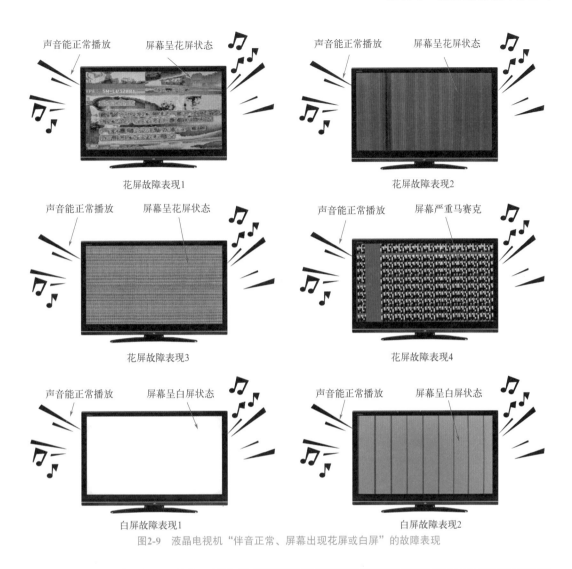

图2-9　液晶电视机"伴音正常、屏幕出现花屏或白屏"的故障表现

 提示

　　液晶电视机花屏或白屏的故障多是由屏的驱动电压异常引起的，检修时可先换屏线，再对显示屏驱动板中供电单元中相关元件进行检测。

（3）液晶电视机"伴音正常、显示屏本身异常"的故障

　　①"伴音正常、屏幕有亮带或暗线"的故障　图2-10所示为液晶电视机"伴音正常、屏幕有亮带或暗线"的故障表现。这种故障主要表现为：接通液晶电视机电源后，开机正常，声音播放正常，图像能够显示，但屏幕上有明显亮带或暗线，且出现亮带或暗线的位置并不随画面的变化而发生改变。

 提示

　　液晶电视机有伴音，有图像，表明其基本信号输入、处理部分均正常，屏幕上的亮带或暗线多是液晶屏的故障。

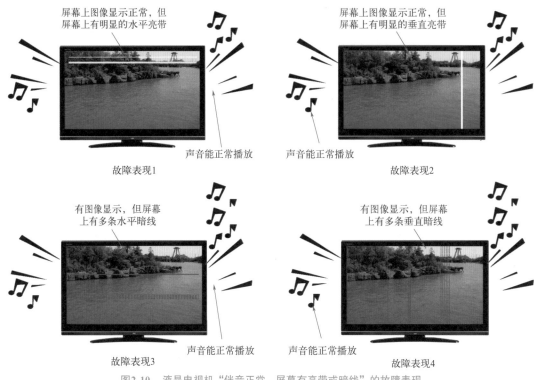

图2-10　液晶电视机"伴音正常、屏幕有亮带或暗线"的故障表现

②"伴音正常、屏幕上有裂痕、漏光、亮点等"的故障　图 2-11 所示为液晶电视机"伴音正常、屏幕上有裂痕、漏光、亮点等"的故障表现。这种故障主要表现为：接通液晶电视机电源后，开机正常，声音播放正常，但屏幕出现漏光或碎裂状、亮点、污点等现象，甚至导致无法正常显示图像。

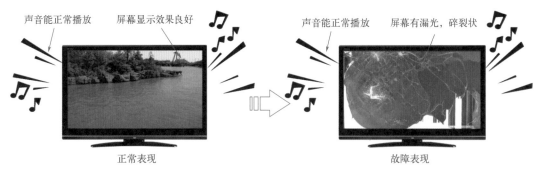

图2-11　液晶电视机"伴音正常、屏幕上有裂痕、漏光、亮点等"的故障表现

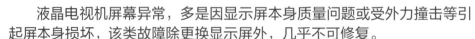

提示

　　液晶电视机屏幕异常，多是因显示屏本身质量问题或受外力撞击等引起屏本身损坏，该类故障除更换显示屏外，几乎不可修复。

（4）液晶电视机"图像正常、伴音不良"的故障

①"图像正常、无伴音"的故障　图 2-12 所示为液晶电视机"图像正常、无伴音"的故

障表现。这种故障主要表现为：接通液晶电视机电源后，开机正常，图像显示一切正常，但听不到任何声音。

屏幕显示效果良好　　　　　　　　　　　无任何声音播放

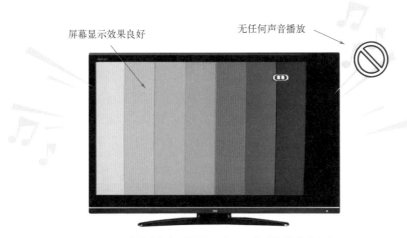

图2-12　液晶电视机"图像正常、无伴音"的故障表现

 提示

　　液晶电视机开机正常、图像正常，表明其电源电路、控制电路、图像信号处理通道均正常，无伴音应检查音频信号处理通道，如音频信号处理集成电路、音频功率放大器、扬声器、信号输入接口、音频信号切换开关等部分。

　　②"图像正常、某一侧喇叭无声"的故障　图 2-13 所示为液晶电视机"图像正常、某一侧喇叭无声"的故障表现。这种故障主要表现为：接通液晶电视机电源后，开机正常，图像显示一切正常，但其中一侧的喇叭（扬声器）无声，而另一侧声音播放基本正常。

屏幕显示效果良好　　　　　　　　　　　右侧扬声器声音
　　　　　　　　　　　　　　　　　　　播放基本正常

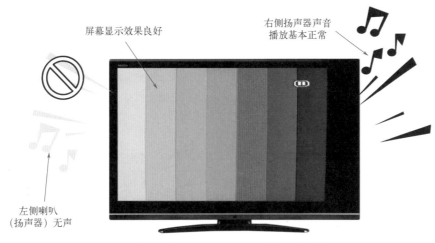

左侧喇叭
（扬声器）无声

图2-13　液晶电视机"图像正常、某一侧喇叭无声"的故障表现

提示

液晶电视机开机正常、图像正常，表明其电源电路、控制电路、图像信号处理通道均正常，某一声道无声音，多为该声道信号处理电路中存在故障元件，如扬声器、耦合电容、音频功率放大器内部部分损坏等。

（5）液晶电视机"部分功能失常"的故障

①"按键无作用，每次开机音量均为最大"的故障　图2-14所示为液晶电视机"按键无作用，每次开机音量均为最大"的故障表现。这种故障主要表现为：接通液晶电视机电源后，可正常开机，但开机时音量为最大状态，调整音量按键时不起作用。

图2-14　液晶电视机"按键无作用，每次开机音量均为最大"的故障表现

提示

调整按键不起作用表明无法将键控信号送至微处理器上，多是由操作按键电路板和数字信号处理电路板（按键信号传输线路和微处理器不良）故障引起的。

②"通电后，不按开关按键即白屏出现背光"的故障　图2-15所示为液晶电视机"通电后，不按开关按键即白屏出现背光"的故障表现。这种故障主要表现为：接通液晶电视机电源后，未按动开机键背光即可被点亮，处于白屏状态，当按动按键后，图像可正常显示，其他功能也正常。

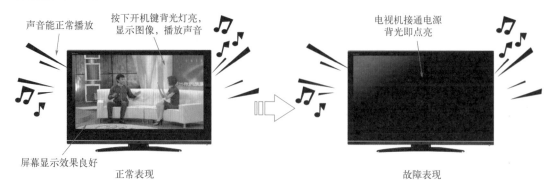

图2-15　液晶电视机"通电后，不按开关按键即白屏出现背光"的故障表现

提示

按动开机键后声、像正常，表明电路中信号处理电路部分基本正常，应重点对背光驱动电路（即逆变器）的控制部分或微处理器进行检查。

③"无台，自动搜台时频道跳过的速度很快"的故障　图 2-16 所示为液晶电视机"无台，自动搜台时频道跳过的速度很快"的故障表现。这种故障主要表现为：接通液晶电视机电源后，开机启动正常，但无节目，进行自动搜台时，搜索频率过快，搜不到节目。

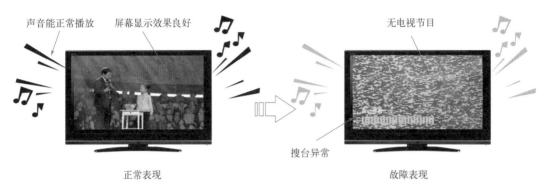

声音能正常播放　　屏幕显示效果良好　　　　　　　　　无电视节目

搜台异常

正常表现　　　　　　　　　　　　　　　　故障表现

图2-16　液晶电视机"无台，自动搜台时频道跳过的速度很快"的故障表现

提示

开机正常，表明电视机电源电路、控制电路、逆变器电路及显示屏本身均正常，不能搜台应重点检查调谐器及调谐器控制信号等部分。

2.1.2　液晶电视机的检修方案

液晶电视机的故障现象往往与故障部位之间存在着对应关系。掌握这种对应关系，我们便可以针对不同的故障表现制定出合理的故障检修方案。这将大大提高维修效率，降低维修成本。

（1）液晶电视机"图像、伴音均不良"的故障检修方案

①"无图像、无伴音、指示灯不亮"的故障检修方案　液晶电视机出现"无图像、无伴音、指示灯不亮"的故障时，开关电源电路故障和微处理器故障是最为常见的两个原因，需认真检查。

提示

在检修液晶电视机开关电源部分时应注意，电源输出电压一定要满足标准电压值，即使比正常电压低 0.2V，也可能引起故障。

另外，在维修液晶电视机时，不要盲目地开盖维修，遇到某些故障时，可首先进入工厂菜单，恢复出厂时的数据，排除一些由于数据错乱引起的故障，缩短维修时间，提高检修效率。

图 2-17 所示为液晶电视机"无图像、无伴音、指示灯不亮"故障的基本检修方案。

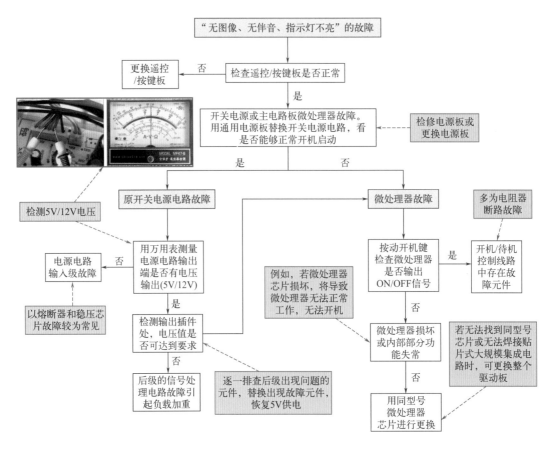

图2-17　液晶电视机"无图像、无伴音、指示灯不亮"故障的检修方案

②"无图像、无伴音、指示灯亮"的故障检修方案　液晶电视机出现"无图像、无伴音、指示灯亮"的故障时，首先应排除节目发射的因素，然后，重点对天线、电视信号接收电路（即调谐器、中频电路部分或一体化调谐器）进行检查。

图 2-18 所示为液晶电视机"无图像、无伴音、指示灯亮"故障的基本检修方案。

提示

　　若液晶电视机开机无图像无声音，电源灯闪一下变成常亮（绿灯），屏幕在开机瞬间闪一下白光，此故障多为背光驱动板损坏，开机后引起电源保护。

（2）液晶电视机"伴音正常、图像不良"的故障检修方案

①"伴音正常、黑屏"的故障检修方案　液晶电视机出现"伴音正常、黑屏"的故障时，应重点检查屏供电电路部分。可先分辨属于无图像、无背光，还是有图像、无背光。

图 2-19 所示为液晶电视机"伴音正常、黑屏"故障的基本检修方案。

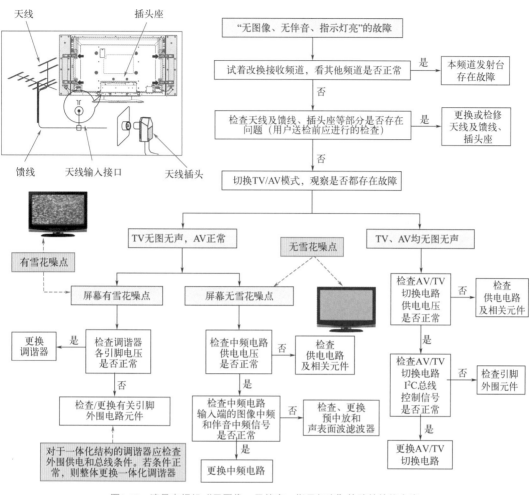

图2-18　液晶电视机"无图像、无伴音、指示灯亮"故障的检修方案

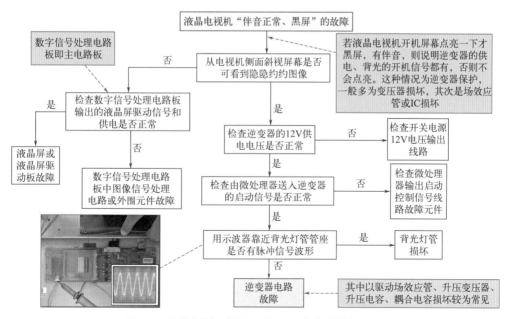

图2-19　液晶电视机"伴音正常、黑屏"故障的检修方案

提示

需要注意的是，液晶电视机屏背光灯损坏时一般不太有可能多根同时损坏，其中一根灯管损坏也会引起黑屏，但这种情况时的黑屏故障会有些不同，开机后电视机会闪烁一下再变成黑屏，这是由于当一根灯管损坏时，会导致逆变器电路负载不平衡而保护动作，变为黑屏。

②"伴音正常、有背光、无图像"的故障检修方案　液晶电视机出现"伴音正常、有背光、无图像"的故障时，以图像信号输入和处理电路存在故障较为常见，应重点对图像接收、处理通道，即视频解码电路、数字图像处理电路进行检查。

图 2-20 所示为液晶电视机"伴音正常、有背光、无图像"故障的基本检修方案。

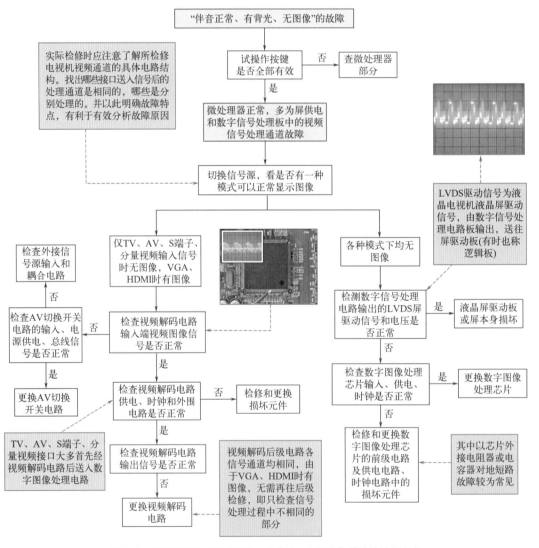

图2-20　液晶电视机"伴音正常、有背光、无图像"故障的检修方案

③"伴音正常、图像有干扰"的故障检修方案　液晶电视机出现"伴音正常、图像有干扰"

的故障时，应重点对图像信号处理相关电路进行检修，如视频解码部分、数字图像处理部分、图像存储器等。

图 2-21 所示为液晶电视机"伴音正常、图像有干扰"故障的基本检修方案。

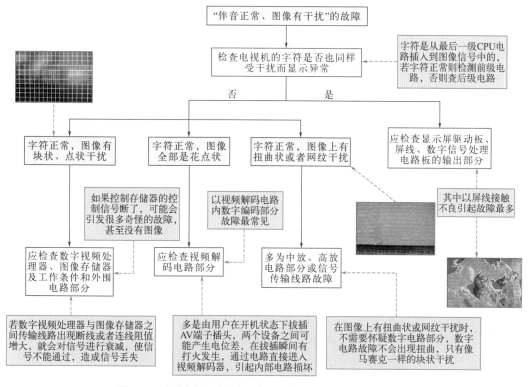

图2-21　液晶电视机"伴音正常、图像有干扰"故障的检修方案

 提示

　　液晶电视机图像的花点状故障多为视频解码器电路故障，数字信号处理电路产生的故障是块状的，不是细碎的。

　　显示屏驱动板（逻辑板）的故障率也不低，在等离子或液晶电视机中都比较常见，它的表现多为屏有光，但会出现无字符、无图像，或者图像无规则乱彩、缺色、负像等，有的还不能开机。

　　④"伴音正常、图像偏暗、调节亮度无效"的故障检修方案　液晶电视机出现"伴音正常、图像偏暗、调节亮度无效"的故障时，以背光灯老化、系统控制部分控制功能失效较为常见。

　　图 2-22 所示为液晶电视机"伴音正常、图像偏暗、调节亮度无效"故障的基本检修方案。

　　⑤"伴音正常、图像偏色"的故障检修方案　液晶电视机出现"伴音正常、图像偏色"的故障时，首先要尝试是否各种信号源模式下均会出现偏色故障，然后，重点对信号传输线路中元件、视频解码芯片、用户存储器（EEPROM）、模数转换器等进行检查。

　　图 2-23 所示为液晶电视机"伴音正常、图像偏色"故障的基本检修方案。

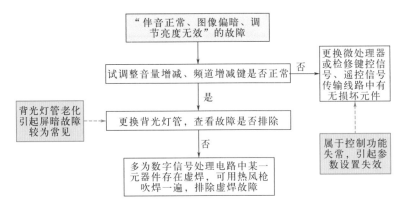

图2-22 液晶电视机"伴音正常、图像偏暗、调节亮度无效"故障的检修方案

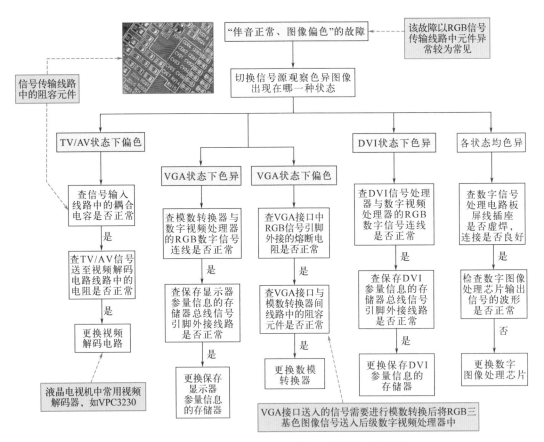

图2-23 液晶电视机"伴音正常、图像偏色"故障的检修方案

> **相关资料**
>
> 　　存储器（EEPROM），通常位于微处理器旁边，常见型号有24C16R、24C32R、24C64R几种，用于存储用户数据，如亮度、音量、频道等信息。用户存储器与微处理器之间通过I²C总线进行连接。

　　⑥"伴音正常、屏幕出现花屏或白屏"的故障检修方案　液晶电视机出现"伴音正常、屏

幕出现花屏或白屏"的故障时，重点对显示屏屏线、屏供电电路（如主电路板上的 5V 转 3V 的稳压器、屏驱动板供电部分的保险电阻、DC/DC 转换电路等）进行检查。

图 2-24 所示为液晶电视机"伴音正常、屏幕出现花屏或白屏"故障的基本检修方案。

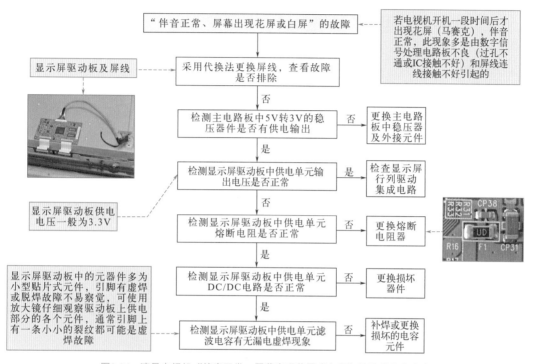

图2-24 液晶电视机"伴音正常、屏幕出现花屏或白屏"故障的检修方案

（3）液晶电视机"伴音正常、显示屏本身异常"的故障检修方案

① "伴音正常、屏幕有亮带或暗线"的故障检修方案 液晶电视机出现"伴音正常、屏幕有亮带或暗线"的故障时，重点对液晶屏本体的排线、水平（行）和垂直（列）驱动集成电路及屏本身进行检查。

图 2-25 所示为液晶电视机"伴音正常、屏幕有亮带或暗线"故障的基本检修方案。

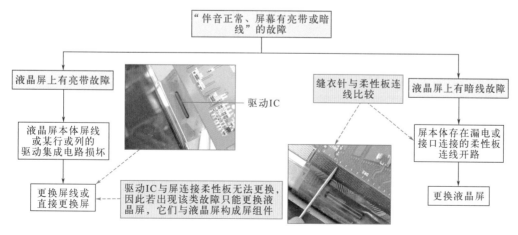

图2-25 液晶电视机"伴音正常、屏幕有亮带或暗线"故障的检修方案

提示

　　若液晶屏有亮带或暗线故障的同时，图像也存在异常，还需要检查LVDS信号输出插座、屏线是否正常，DDR存储器，以及信号传输线路中的排电阻焊接是否良好。

　　②"伴音正常、屏幕上有裂痕、漏光、亮点等"的故障检修方案　液晶电视机出现"伴音正常、屏幕上有裂痕、漏光、亮点等"的故障时，多是由显示屏本身故障引起的，可先仔细了解具体故障表现，确认是电路故障还是显示屏本身故障。

　　图2-26所示为液晶电视机"伴音正常、屏幕上有裂痕、漏光、亮点等"故障的基本检修方案。

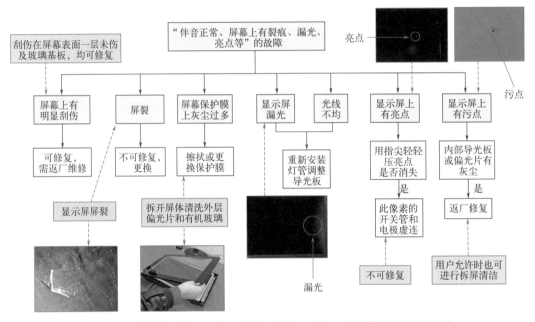

图2-26　液晶电视机"伴音正常、屏幕上有裂痕、漏光、亮点等"故障的检修方案

（4）液晶电视机"图像正常、伴音不良"的故障检修方案

　　①"图像正常、无伴音"的故障检修方案　液晶电视机出现"图像正常、无伴音"的故障时，以音频信号输入和处理电路存在故障较为常见，应顺信号流程仔细检查。

　　图2-27所示为液晶电视机"图像正常、无伴音"故障的基本检修方案。

提示

　　检修音频信号处理通道时，可采用干扰法快速有效地辨别故障部位，即通过人为外加干扰信号触碰被测电路的输入引脚，查看喇叭是否有反应。

　　具体方法为：在输入端用万用表的电阻挡加入干扰信号。例如，从功放集成电路的输入端开始，碰触时喇叭会发出"咔咔"的声音，然后逐步向外，当碰触到某一部分时无声，就对此部分电路做重点检查，从而找到故障元件，排除故障。

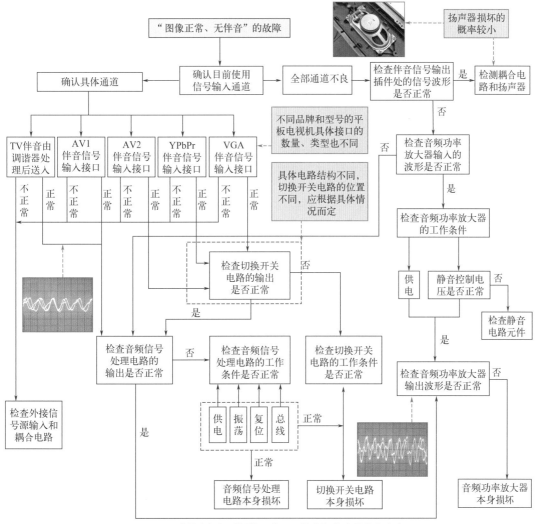

图2-27　液晶电视机"图像正常、无伴音"故障的检修方案

② "图像正常、某一侧喇叭无声"的故障检修方案　液晶电视机出现"图像正常、某一侧喇叭无声"的故障时，首先要排除电视机声道设置不当的因素，然后，重点对无声音输出一路的相关元件（即无声输出的扬声器、前级耦合电容、功率放大器输入、输出及引脚外围元件等）进行检查。

图 2-28 所示为液晶电视机"图像正常、某一侧喇叭无声"故障的基本检修方案。

（5）液晶电视机"部分功能失常"的故障检修方案

① "按键无作用，每次开机音量均为最大"的故障检修方案　液晶电视机出现"按键无作用，每次开机音量均为最大"的故障时，以操作按键电路和键控信号传输线路故障较为常见，应顺信号流程仔细检查。

图 2-29 所示为液晶电视机"按键无作用，每次开机音量均为最大"故障的基本检修方案。

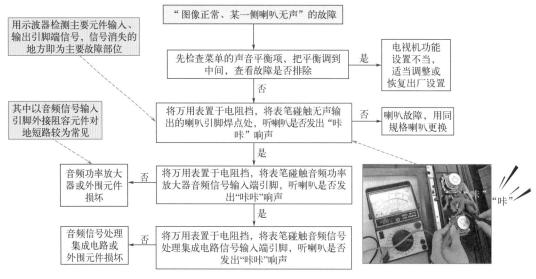

图2-28 液晶电视机"图像正常、某一侧喇叭无声"故障的检修方案

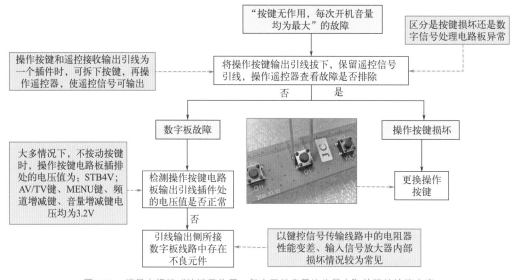

图2-29 液晶电视机"按键无作用，每次开机音量均为最大"故障的检修方案

 提示

    一些液晶电视机在操作按键上设有放电脚，以防人体静电通过按键进入液晶电视机数字信号处理电路板，引起元件损坏。因此，维修人员在更换按键时千万不要随意把五脚的按键用四脚来代替，否则可能留下安全隐患。

    ②"通电后，不按开关按键即白屏出现背光"的故障检修方案 液晶电视机出现"通电后，不按开关按键即白屏出现背光"的故障时，以背光驱动电路（即逆变器）的控制信号异常较

为常见，应重点检查。

图 2-30 所示为液晶电视机"通电后，不按开关按键即白屏出现背光"故障的基本检修方案。

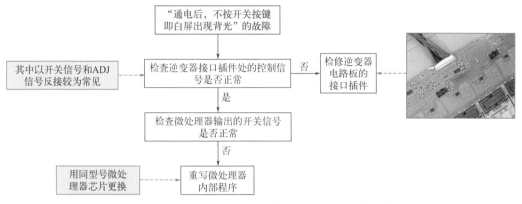

图2-30　液晶电视机"通电后，不按开关按键即白屏出现背光"故障的检修方案

 提示

　　液晶电视机上电后直接显示LOGO，未按开机键就直接开机，也可能是设置问题。可上电后直接按POWER键关闭电视，再拔掉电源插头，然后重新插上电源插头，一般可恢复正常使用。

③"无台，自动搜台时频道跳过的速度很快"的故障检修方案　液晶电视机出现"无台，自动搜台时频道跳过的速度很快"的故障时，调谐器故障和调谐控制信号失常是最为常见的两个原因，需认真检查。

图 2-31 所示为液晶电视机"无台，自动搜台时频道跳过的速度很快"故障的基本检修方案。

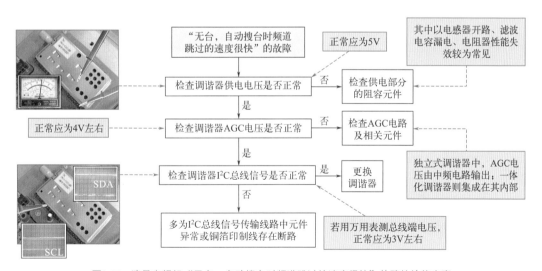

图2-31　液晶电视机"无台，自动搜台时频道跳过的速度很快"故障的检修方案

2.2 液晶电视机的检修准备

2.2.1 液晶电视机检修环境的搭建

　　液晶电视机维修高手无论面对何种故障样机，都不会贸然实施检修操作，而是先将准备好的各种检修辅助设备和仪表安装连接到位，然后再将待测样机置于精心准备的测试环境中，运用各种检测方法，将故障解决。

　　因此，测试环境的搭建如同"布阵"一般，检测用的辅助设备和仪表"各就各位""各司其职"；不同的检测仪表、不同的辅助设备，"阵法"的奥妙和功效都会不同。

　　图2-32所示为搭建典型液晶电视机测试环境的指导示意图。这些设备功能各异，用法不同，常常在检修中配合使用。液晶电视机的检修主要是围绕液晶电视机的电路展开，因此，液晶电视机测试环境的搭建既要考虑电路检测的复杂性、多样性，同时也要特别注意检测的安全性。

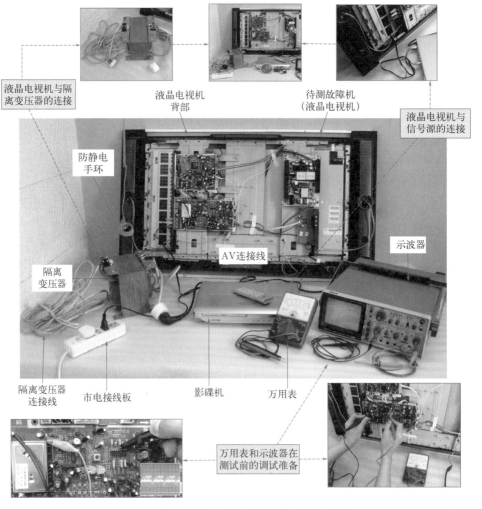

图2-32　搭建典型液晶电视机测试环境的指导示意图

液晶电视机与隔离变压器的连接、液晶电视机与信号源的连接，以及万用表和示波器测试前的调试准备都是液晶电视机测试环境搭建中的重点操作环节。

（1）液晶电视机与隔离变压器的连接

在维修液晶电视机时，通常需要对液晶电视机进行通电测试，即将液晶电视机的电源部分与市电220V进行连接。若维修人员在检修过程中不慎碰触到电路板的交流部分，就会引发触电事故，危及人身安全，因此在检修过程中，为了防止触电，通常使用1∶1的交流隔离变压器进行隔离，以确保仪器设备和人身的安全。

图2-33所示为液晶电视机与隔离变压器的连接示意图。通常，首先需要做好连接前的准备工作（即完成隔离变压器绕组引线的制作连接），然后再完成隔离变压器与液晶电视机的连接操作。

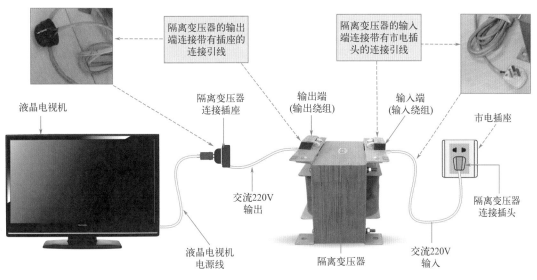

图2-33　液晶电视机与隔离变压器的连接

相关资料

如果不使用隔离变压器，如果液晶电视机维修人员在检修过程中如果不慎碰触到电路板的交流部分，就会造成触电，危及人身和设备安全。而使用隔离变压器进行隔离，就可以有效地确保人身和设备的安全。图2-34所示为隔离变压器的安全保护原理。

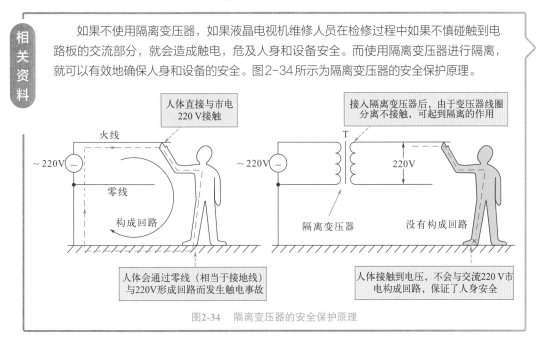

图2-34　隔离变压器的安全保护原理

需要注意的是，在选用隔离变压器时，隔离变压器的功率一定要大于所维修的液晶电视机的功率。特别要注意不能使用自耦变压器代替隔离变压器使用。

为了方便与液晶电视机和市电连接，需要为隔离变压器进行引线的制作连接（即在隔离变压器的两个绕组端安装连接引线）。

如图 2-35 所示，隔离变压器连接前的准备工作主要是：在隔离变压器的输入端（即输入绕组）连接带有市电插头的连接引线；在隔离变压器的输出端（即输出绕组）连接带有插座的连接引线。

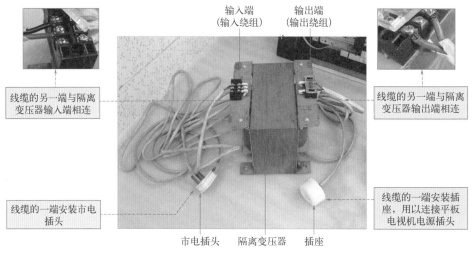

图2-35　隔离变压器连接引线的安装

隔离变压器绕阻端连接完成后，接下来就可以进行隔离变压器与液晶电视机的连接操作了。图 2-36 所示为隔离变压器与液晶电视机的连接。

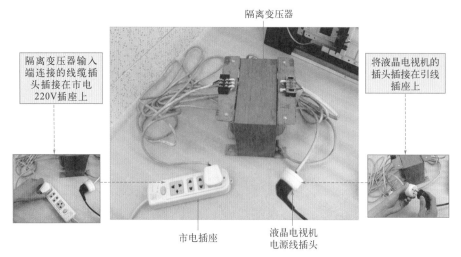

图2-36　隔离变压器与液晶电视机的连接

（2）液晶电视机与信号源的连接

信号源的主要作用是在检修过程中，为液晶电视机提供标准信号，以便于液晶电视机维修人员能够更准确地对电视机进行电压、波形等参数的测试。

在液晶电视机的实际检修过程中，维修人员常常采用影碟机播放标准信号测试光盘的方式为液晶电视机提供信号源。

图2-37所示为液晶电视机与信号源的连接示意。标准信号测试光盘中录制有多种音、视频标准测试信号，这些标准测试信号可在检修液晶电视机时作为信号源使用，然后使用万用表或示波器即可根据信号流程进行逐级检测，查找液晶电视机的故障。

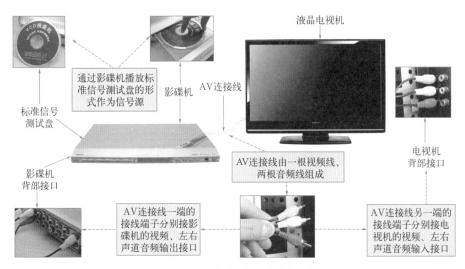

图2-37　液晶电视机与信号源的连接

液晶电视机连接信号源时，需要使用 AV 连接线进行连接，即根据液晶电视机和信号源上的接口标识将 AV 连接线两端的端子分别插入液晶电视机和信号源的接口上。

① 按图 2-38 所示，将 AV 连接线插到影碟机相应的接口上。

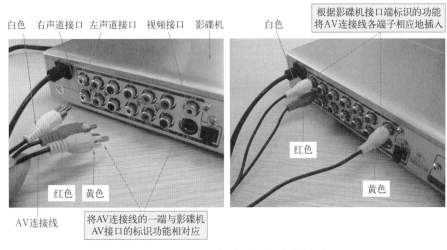

图2-38　将AV连接线插到影碟机相应的接口上

② 按图 2-39 所示，将 AV 连接线插到液晶电视机相应的接口上。

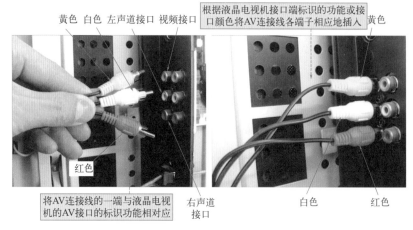

黄色 白色 左声道接口 视频接口

根据液晶电视机接口端标识的功能或接口颜色将AV连接线各端子相应地插入

黄色

红色

将AV连接线的一端与液晶电视机的AV接口的标识功能相对应

右声道接口

白色

红色

图2-39　将AV连接线插到液晶电视机相应的接口上

 提示

液晶电视机的外部各接口的功能通常标注在液晶电视机的外壳上，如图2-40所示，对外部接口进行连接时，可参考接口上的功能标识进行连接。

液晶电视机外壳上外部接口的功能标识

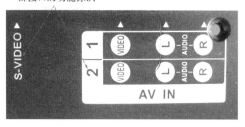

图2-40　液晶电视机的外部各接口的功能标识

液晶电视机与影碟机连接完成后，即可将标准信号测试光盘放入影碟机中进行播放，为液晶电视机提供标准的音频和视频信号。

③ 按图 2-41 所示，接通电源后将测试光盘装入影碟机中。

电源开关

测试光盘

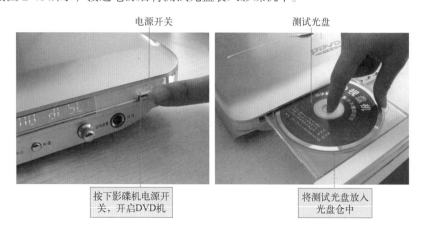

按下影碟机电源开关，开启DVD机

将测试光盘放入光盘仓中

图2-41　将测试光盘装入影碟机中

采用影碟机播放标准信号测试光盘作为信号源是比较经济、实用的一种方式。如果在更加专业的调试、维修场合，常常会使用电视信号发生器作为信号源。图2-42所示为电视信号发生器的实物外形。这种设备输送的标准信号更加准确和多样。

电视信号发生器

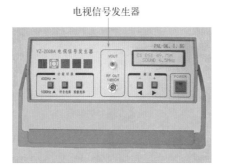

图2-42　电视信号发生器

（3）示波器测试前的调试准备

示波器是液晶电视机测试环境中不可缺少的重要检测设备。当各种辅助检测设备连接到位后，液晶电视机维修人员就需要对示波器进行必要的连接和调试，使之进入工作状态。接下来，就可以静候故障样机的"到来"。

通常，示波器的调试准备主要包括电源线和探头的连接以及测试状态的调整两方面内容。

① 按图 2-43 所示，对示波器探头进行连接。

探头接口　　　　探头座

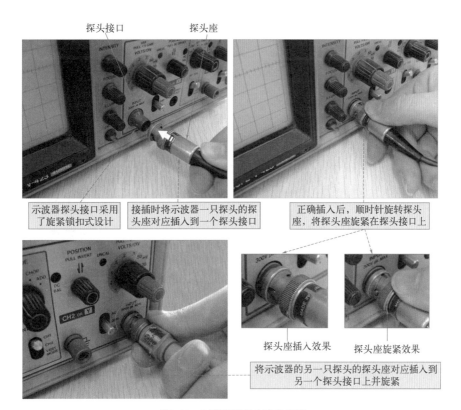

示波器探头接口采用了旋紧锁扣式设计

接插时将示波器一只探头的探头座对应插入到一个探头接口

正确插入后，顺时针旋转探头座，将探头座旋紧在探头接口上

探头座插入效果　　探头座旋紧效果

将示波器的另一只探头的探头座对应插入到另一个探头接口上并旋紧

图2-43　对示波器探头进行连接

提示

　　示波器探头连接完成后，需要打开示波器的电源开关，然后进行必要的测试调整。测试各调控按钮是否灵敏，探头及显示效果是否正常，等等。

②按图2-44所示，打开示波器的电源开关。

示波器探头连接完成后，便可对待测电视机进行检测

按下示波器的电源开关，开启示波器

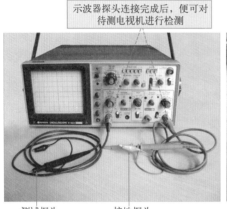 

测试探头　　　　　　接地探头

图2-44　打开示波器的电源开关

③按图2-45所示，将接地夹接地，黑表笔搭在待测点上。

将示波器接地探头的接地夹夹在待测电路板的接地端

将示波器的测试探头搭接在待测点上

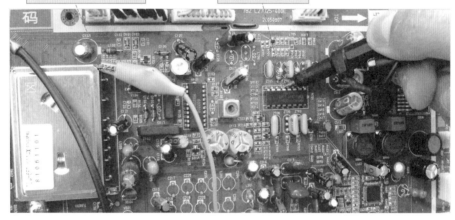

图2-45　将接地夹接地，黑表笔搭在待测点上

④按图2-46所示，对示波器进行必要的测试调整。

（4）万用表测试前的调整准备

　　万用表也是液晶电视机测试中非常重要的检测设备（仪表）。可以说，液晶电视机测试中的其他辅助设备的连接，都是为了更好地配合万用表的工作。

　　故障样机一旦"进入"测试环境，各种辅助设备便会"施展"各自的本领，使故障样机

进入安全的测试状态，确保万用表"施展"各种检测方法，对故障样机实施测量。

通常，万用表的调试准备主要是通过简单的挡位调整和表笔测量检验万用表是否能够满足工作要求。

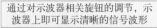

通过对示波器相关旋钮的调节，示波器上即可显示清晰的信号波形

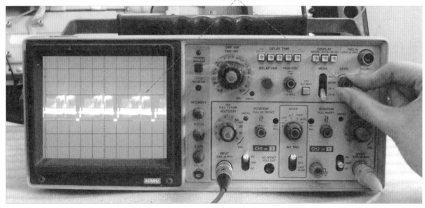

图2-46　对示波器进行必要的测试调整

💡 提示　　　　　　　　　　　　　　　　　　　　　　　　　　≫≫≫

通常，可以将万用表设置在电压挡位进行电压检测，或将万用表设置在电阻挡位进行电阻检测。通过检测操作观察表笔插接是否良好，挡位、量程以及显示性能是否正常。

① 按图 2-47 所示，通过电压测量方法完成万用表调试准备的操作。

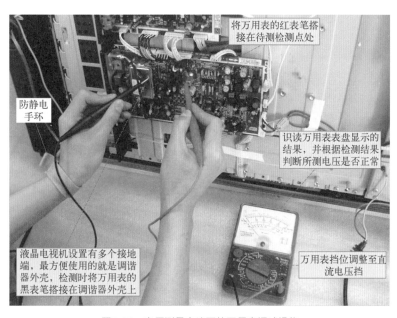

将万用表的红表笔搭接在待测检测点处

防静电手环

识读万用表表盘显示的结果，并根据检测结果判断所测电压是否正常

液晶电视机设置有多个接地端，最方便使用的就是调谐器外壳，检测时将万用表的黑表笔搭接在调谐器外壳上

万用表挡位调整至直流电压挡

图2-47　电压测量方法下的万用表调试操作

提示

使用万用表对液晶电视机电路中的电压进行检测时，应首先仔细观察电路板，找到待测电路板的接地端，找到接地端后再对待测点的电压进行检测。

② 按图 2-48 所示，通过电阻测量方法完成万用表调试准备的操作。

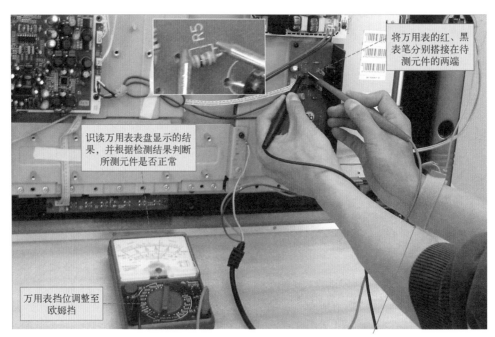

图2-48　通过电阻测量方法完成万用表调试准备的操作

提示

使用万用表对液晶电视机电路中的元器件进行电阻检测时，寻找待测电阻器，并将万用表红、黑表笔分别搭接在待测元器件两端的引脚上，通过电阻测量方法完成对万用表的调试准备。

2.2.2　液晶电视机常用检修方法

将液晶电视机放置于测试环境中进行测试是液晶电视机维修过程中至关重要的环节，它可帮助维修人员快速、准确地判断液晶电视机的故障范围或故障部件。

通常，波形测试法、电压测试法和电阻测试法都是常用且有效的检测手段。

（1）波形测试法

波形测试法是液晶电视机检修中最科学、最准确的一种检测方法，该方法主要是通过示波器直接观察有关电路的信号波形，并与正常波形相比较，来分析和判断液晶电视机出现故障的部位。

图 2-49 所示为液晶电视机的波形测试方法。例如，利用示波器观察电视机电源电路中开关变压器的感应脉冲信号波形，就可以很方便地判断出开关振荡电路是否振荡，从而可迅速地锁定故障范围，然后再对故障范围内的元件进行检修，最终排除故障。

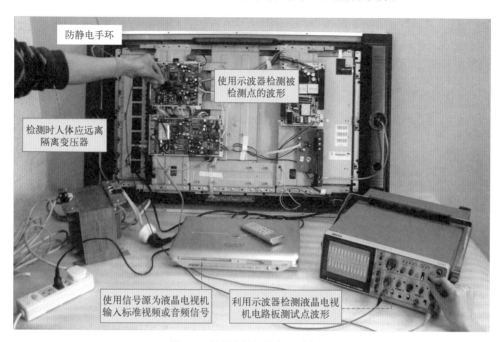

防静电手环

使用示波器检测被检测点的波形

检测时人体应远离隔离变压器

使用信号源为液晶电视机输入标准视频或音频信号

利用示波器检测液晶电视机电路板测试点波形

图2-49　液晶电视机的波形测试方法

相关资料

在使用示波器检测液晶电视机中的信号波形时，不同检测点的波形各不相同，但在不同品牌或型号的电视机中，相同关键点的波形基本上是相同的，作为一名维修人员应熟记一些关键检测部位的信号波形，这对实际检测过程中快速地判断故障很有帮助。图2-50中给出了一些笔者在维修实践中测得的关键信号波形，可作为学习检修中的重要参考。

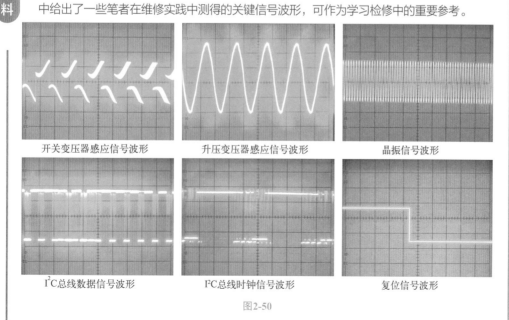

开关变压器感应信号波形

升压变压器感应信号波形

晶振信号波形

I^2C总线数据信号波形

I^2C总线时钟信号波形

复位信号波形

图2-50

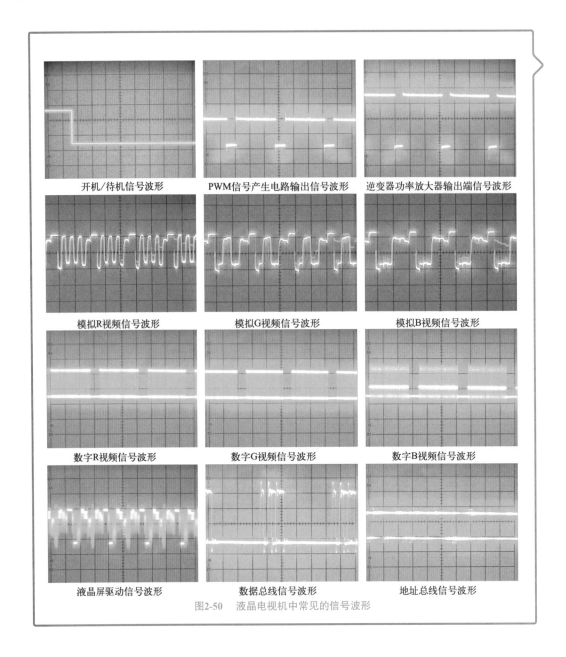

图2-50　液晶电视机中常见的信号波形

 提示

　　目前，很多品牌的液晶电视机除通过VGA接口来接收模拟RGB信号外，还有多种其他类型的接口，如DVI数字视频接口、分量视频输入接口等，此外还有些液晶电视机本身带有扬声器，能够处理音频信号。该类液晶电视机中相关的信号波形还有其他几种，如图2-51所示。

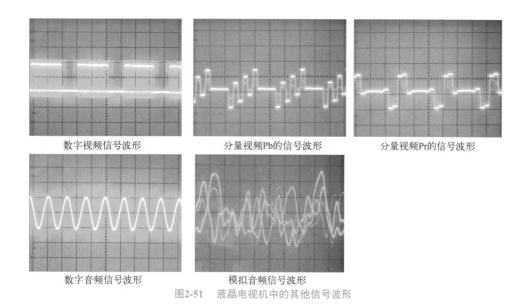

数字视频信号波形　　　分量视频Pb的信号波形　　　分量视频Pr的信号波形

数字音频信号波形　　　模拟音频信号波形

图2-51　液晶电视机中的其他信号波形

（2）电压测试法

电压测试法主要是通过对故障机通电，然后用万用表测量各关键点的电压，将测量结果与正常液晶电视机的测试点的数据相比较，找出有差异的测试点，然后顺着该机的工作流程一步一步进行检修，最终找到故障的元器件，排除故障。

例如，利用万用表测量开关电源电路的＋300V直流电压，就可以方便地判断出交流输入及整流滤波电路是否正常，若不正常可顺着测试点线路中的元件逐一进行查找，最终确定故障点。

图2-52所示为利用万用表检测液晶电视机中开关电源电路的＋300V直流电压的方法。

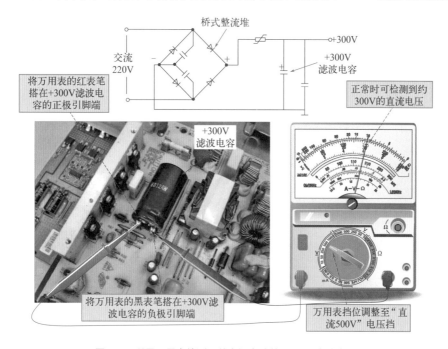

图2-52　利用万用表检测开关电源电路的＋300V直流电压

提示

在测量某些元件或电路的电压时，若万用表上显示的电压值与正常值相差较大，可以通过割断、代换某些元件或取下某些芯片再测电压，若再次测电源的电压变为正常，则说明这条电路的元器件或取下来的芯片出现故障。

（3）电阻测试法

电阻测试法也是液晶电视机维修中使用较多的一种测试方法，该方法主要是指在液晶电视机断电的状态下使用万用表测量故障机各元件的阻值，然后将实测值与标准值进行比较，大致判断元器件的好坏，或判断电路是否有严重短路和断路的情况。

例如，利用万用表的电阻挡测量液晶电视机电路板上的电阻器，然后将测量的值与标称值相比较，若测量值与标称值相差较大，则可初步判定该器件已经损坏，使用同型号的器件进行代换即可。

图 2-53 所示为利用万用表检测液晶电视机电路板上电阻器的方法。

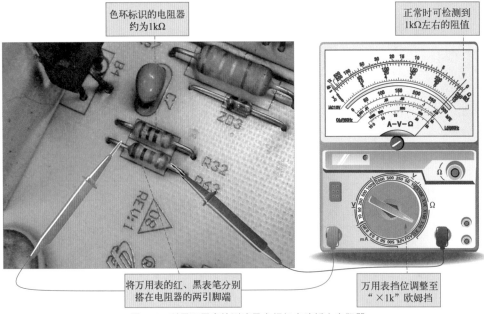

图2-53　利用万用表检测液晶电视机电路板上电阻器

 提示

除此之外还可以用万用表的电阻挡来测量半导体器件的正反向阻值，例如测量整流二极管，若测量值具有正向导通、反向截止的特性，则说明该整流二极管正常，否则说明该二极管短路或断路，需要进行更换。

图 2-54 所示为利用万用表检测液晶电视机电路板上的整流二极管。

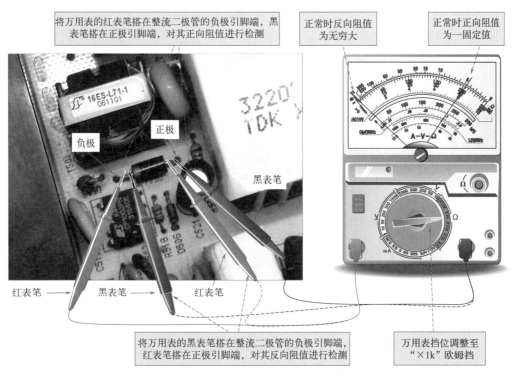

将万用表的红表笔搭在整流二极管的负极引脚端，黑表笔搭在正极引脚端，对其正向阻值进行检测

正常时反向阻值为无穷大

正常时正向阻值为一固定值

负极

正极

黑表笔

红表笔　　黑表笔　　红表笔

将万用表的黑表笔搭在整流二极管的负极引脚端，红表笔搭在正极引脚端，对其反向阻值进行检测

万用表挡位调整至"×1k"欧姆挡

图2-54　利用万用表检测液晶电视机电路板上的整流二极管

 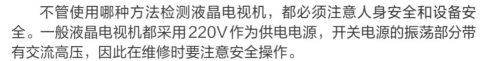

提示

　　不管使用哪种方法检测液晶电视机，都必须注意人身安全和设备安全。一般液晶电视机都采用220V作为供电电源，开关电源的振荡部分带有交流高压，因此在维修时要注意安全操作。

第**3**章 液晶电视机的电视信号接收电路

3.1 电视信号接收电路的结构

液晶电视机的电视节目接收电路包括调谐器和中频电路。天线或有线电视等电视信号等都通过 TV 输入接口（天线输入接口）送到该电路进行处理，分离出视频图像信号和音频信号。

3.1.1 电视信号接收电路的特点

目前，市场上流行的液晶电视机中，调谐器和中频电路的结构形式主要有两种：一种为调谐器和中频电路分别为单独的两个电路单元的形式；另外一种为调谐器和中频电路集成在一起的一体化调谐器。这两种电路的具体结构形式有所不同，但其最终实现的功能都是相同的，下面以这两种结构形式的电视信号接收电路为例进行具体介绍。

（1）调谐器和中频电路独立式的电视信号接收电路

图 3-1 所示为厦华液晶电视机的电视信号接收电路。在该电路中，来自天线或有线电视信

电视信号接收电路
的结构组成

该调谐器上的输入
接口通过一根引线
与液晶电视机外壳
上的TV信号输入接
口相连

音/视频切换开关主
要用于切换由前级
电路送来的伴音中
频和图像中频信号，
并选择其中一路伴
音中频和图像中频
信号进行输出

图3-1 厦华液晶电视机的电视信号接收电路

号端的射频电视信号调谐器高放混频后变成中频信号，再经过预中放、声表面波滤波器、中频信号处理电路以及音/视频切换开关，进行中放、视频检波和伴音解调等处理后，输出视频图像信号和音频信号。

　　根据实物电路可知，该液晶电视机的电视信号接收电路主要是由调谐器 TUNER1（TDQ-6FT/W114X）、预中放 V104（2SC2717）、图像声表面波滤波器 Z103（K7262D）、伴音声表面波滤波器 Z102（K7257）、中频信号处理电路 N101（M52760SP）和音／视频切换开关 N701（HEF4052BP）等组成的。

（2）采用一体化调谐器的电视信号接收电路

　　一体化调谐器将中频电路直接制作在调谐器的金属屏蔽盒内，信号的高放、混频以及中放、视频检波、伴音解调等都在一体化调谐器内完成。图 3-2 所示为长虹液晶电视机的一体化调谐器。

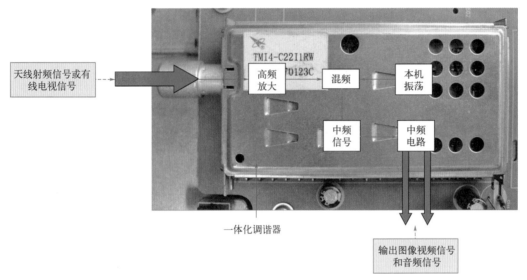

图3-2　长虹液晶电视机的一体化调谐器

表 3-1 所列为该一体化调谐器各引脚功能。

表3-1　该一体化调谐器各引脚功能

引脚号	名称	引脚功能	引脚号	名称	引脚功能
①	AGC	自动增益控制	⑪	IF	输出中频 TV 信号
②	UT	未接	⑫	IF	输出中频 TV 信号
③	ADD	地	⑬	SW0	伴音控制
④	SCL	I²C总线时钟信号输入	⑭	SW1	伴音控制
⑤	SDA	I²C总线数据信号输入	⑮	NC	未接
⑥	NC	未接	⑯	SIF	第二伴音中频输出
⑦	+5 V	电源	⑰	AGC	自动增益控制
⑧	AFT	未接	⑱	VIDEO	CVBS 信号输出
⑨	32 V	0～32 V的调谐电压	⑲	+5 V	电源
⑩	NC	未接	⑳	AUDIO	音频信号输出

提示

　　一体化调谐器的元器件都封装在屏蔽良好的金属壳中，壳内的元器件工艺要求都很高，若发生故障，通常都是对一体化调谐器进行整体代换。

相关资料

　　在一些功能较多的平板电视机中还设置有双调谐器，用于同时接收两个电视节目，这样的液晶电视机便可实现画中画或双视窗功能，图3-3所示为双调谐器的实物外形。

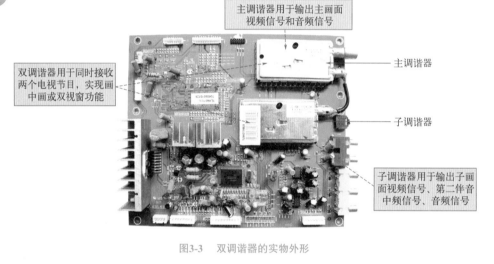

图3-3　双调谐器的实物外形

3.1.2　电视信号接收电路的主要组成部件

　　采用一体化调谐器的电视信号接收电路由一体化调谐器构成，主要组成部件都封装在一体化调谐器金属盒内。这里主要针对调谐器和中频电路独立式的电视信号接收电路的主要组成部件进行详细介绍。

　　调谐器和中频电路独立式的电视信号接收电路主要是由调谐器、预中放、图像声表面波滤波器、伴音声表面波滤波器、中频信号处理电路和音 / 视频切换开关等组成的。

（1）调谐器

　　调谐器也称高频头，它的功能是从天线送来的高频电视信号中调谐选择出欲接收的电视信号，进行调谐放大后与本机振荡信号混频后输出中频信号，其外形如图 3-4 所示。由于调谐器所处理的信号频率很高，为防止外界干扰，通常将它独立封装在屏蔽良好的金属盒内，由引脚与外电路相连。

（2）预中放和声表面波滤波器

　　电视信号接收电路中的预中放主要是用于放大调谐器输出的中频信号。放大后的中频信号分别送入图像声表面波滤波器以及伴音声表面波滤波器中，用以滤除杂波和干扰，并分离出伴音中频信号和图像中频信号，分别送入中频信号处理电路中。预中放和图像、伴音声表面波滤波器的实物外形，如图 3-5 所示。

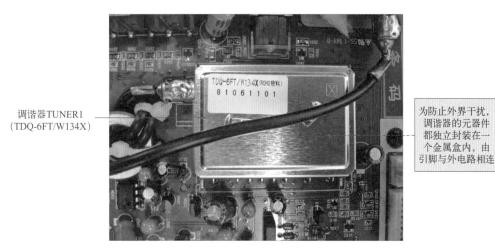

图3-4　调谐器TUNER1（TDQ-6FT/W134X）的实物外形

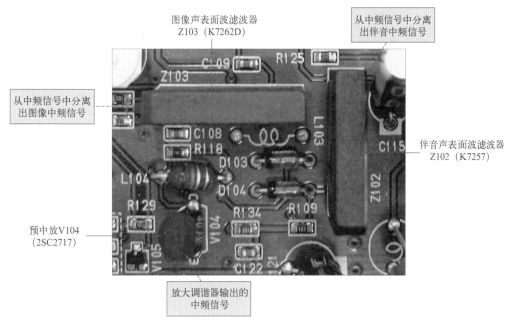

图3-5　预中放和声表面波滤波器的实物外形

（3）音 / 视频切换开关

　　音 / 视频切换开关（HEF4052BP）是 8 通道的模拟分配器，其实物外形及引脚功能如图 3-6 所示，其主要功能是切换由前级电路送来的伴音中频和图像中频信号，并选择其中一路伴音中频和图像中频信号进行输出。

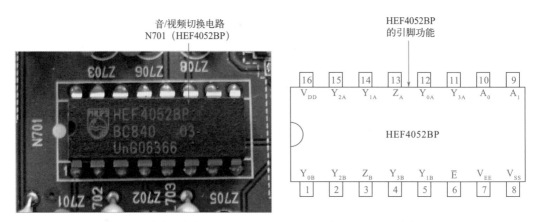

图3-6　音/视频切换开关N701（HEF4052BP）的实物外形及引脚功能

相关资料

图3-7所示为音/视频切换开关N701（HEF4052BP）的内部结构。

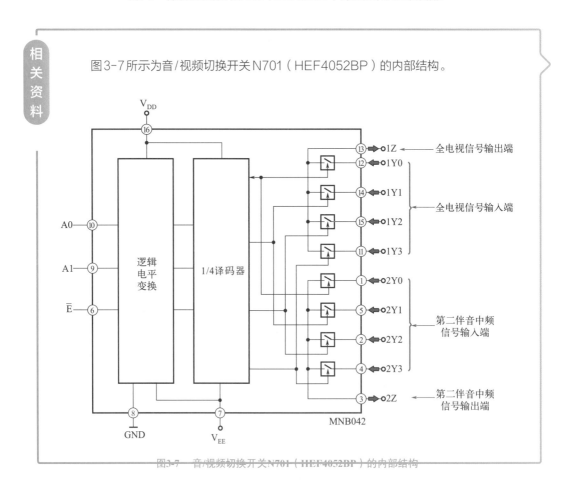

图3-7　音/视频切换开关N701（HEF4052BP）的内部结构

（4）中频信号处理电路

图3-8 所示为中频信号处理电路（M52760SP）的实物外形及引脚功能。该电路主要用来处理由声表面波滤波器输出的图像中频和伴音中频信号，中频信号在该集成电路中进行放大，然后再进行视频检波和伴音解调，将调制在载波上的视频图像信号提取出来，并将调制在第二伴音载频上的音频信号解调出来。

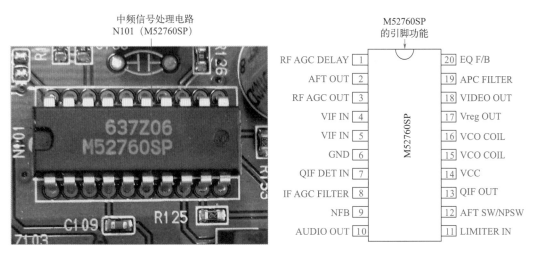

图3-8　中频信号处理电路N101（M52760SP）的实物外形及引脚功能

💡 **提示**　▶▶▶

图3-9所示为中频信号处理电路N101（M52760SP）的内部结构。

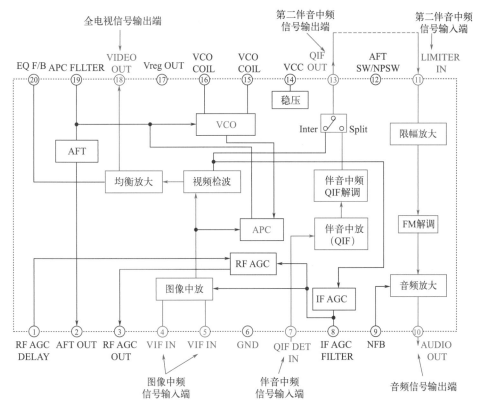

图3-9　中频信号处理电路（M52760SP）的内部结构

3.2 电视信号接收电路的原理

3.2.1 电视信号接收电路的工作原理

液晶电视机的电视信号接收电路主要接收射频信号或有线电视信号，对其进行一系列的处理后，最后输出视频图像信号和音频信号，图3-10所示为典型液晶电视机电视信号接收电路的工作原理框图。

由图可知，电视信号接收电路将天线接收到的信号送到调谐器中，经内部处理后，输出中频信号（IF信号）并送到预中放进行放大，分别由声表面波滤波器（图像和伴音）将图像或伴音中频信号分离出来，滤除杂波和干扰后，送到中频信号处理电路中，经中频处理后，输出音频信号和视频图像信号，送往后级的音频信号处理电路和数字信号处理电路中。

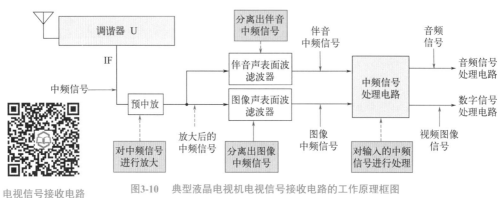

电视信号接收电路
的工作原理

图3-10 典型液晶电视机电视信号接收电路的工作原理框图

3.2.2 电视信号接收电路的电路分析案例

（1）调谐器和中频电路独立的电视信号接收电路分析

图3-11所示为典型液晶电视机的电视信号接收电路。由于液晶电视机的电视信号接收电路中各部分电路相对较多，在对其进行分析时，我们将该电视信号接收电路划分为3个部分，即调谐器电路、预中放及声表面波滤波器电路、中频信号处理及音/视频切换电路。下面分别对这几部分电路的工作原理进行介绍。

① 调谐器电路 天线接收到的信号送到调谐器中，经内部处理后，输出中频信号送往后一级电路中。图3-12所示为调谐器电路的工作原理。天线信号送入调谐器并经内部处理后，由⑪脚输出中频信号，送往后级电路中；调谐器的⑦脚为 +5V 的供电端；④、⑤脚为 I²C 总线控制端，该调谐器通过 I²C 总线受微处理器控制。调谐器的⑨脚为 BT 端，是频道微调电压的输入端，该端在频道调谐搜索时应有 0 ～ 30V 的电压。

② 预中放及声表面波滤波器电路 预中放及声表面波滤波器电路主要用来对中频信号进行放大，并分别将图像中频和伴音中频分离出来，图3-13所示为预中放及声表面波滤波器电路的工作原理。由图可知，中频信号经预中放 V104 进行放大后，分别送入了图像声表面波滤波器 Z103 的①脚和伴音声表面波滤波器 Z102 的①脚中进行处理。

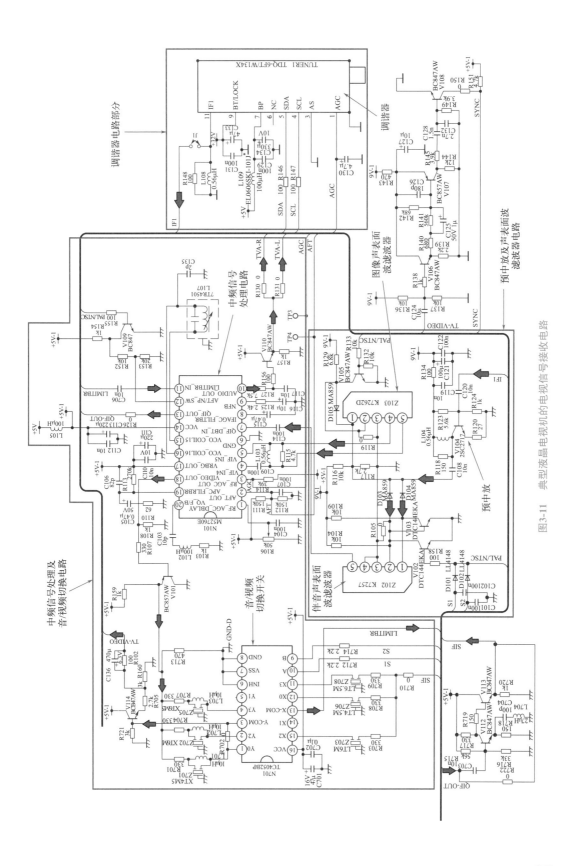

图3-11　典型液晶电视机的电视信号接收电路

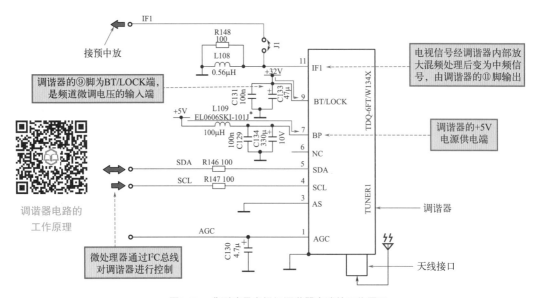

图3-12　典型液晶电视机调谐器电路的工作原理

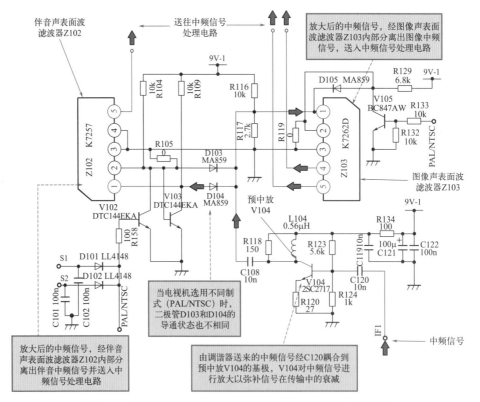

图3-13　典型液晶电视机预中放及声表面波滤波器电路的工作原理

图像声表面波滤波器 Z103 对中频信号进行滤除杂波和干扰后，由④、⑤脚输出图像中频信号；伴音声表面波滤波器 Z102 对中频信号进行滤除杂波和干扰后，由⑤脚输出伴音中频信号。

③ 中频信号处理及音/视频切换电路　图3-14 所示为中频信号处理及音/视频切换电路的工作原理。

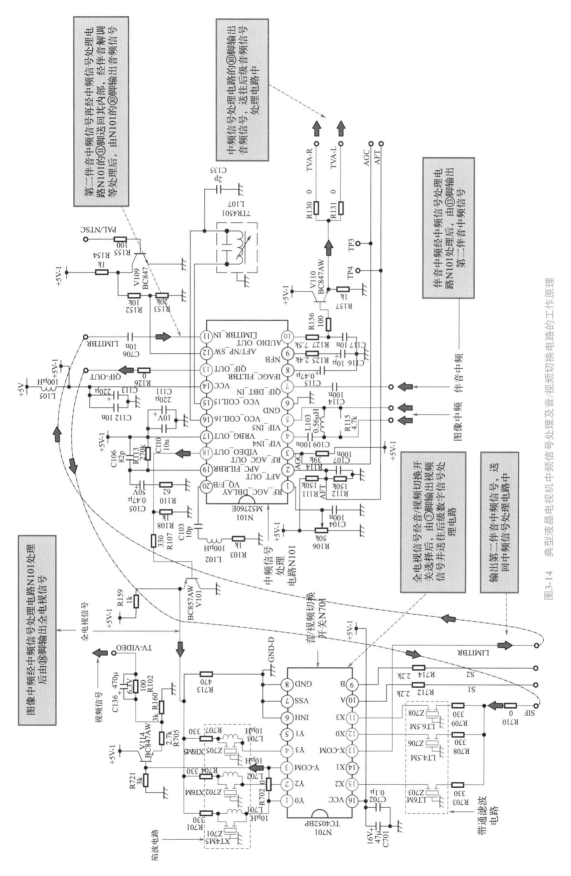

图3-14 典型液晶电视机中频信号处理及音频/视频切换电路的工作原理

　　图像中频信号送往中频信号处理电路 N101 的④脚和⑤脚，经 N101 内部的图像中放、视频检波以及均衡放大等电路处理后，由⑱脚输出全电视信号。该信号经陷波电路，将全电视信号中的第二伴音中频信号去除后，提取出视频图像信号送入音/视频切换开关 N701 中进行选频，并由③脚输出视频图像信号送往后级电路中。

　　同时，伴音中频信号送往中频信号处理电路 N101 的⑦脚。经 N101 中伴音中放、伴音中频解调处理后，由⑬脚输出音频信号，该信号经放大电路后，送入带通滤波电路中提取音频信号，送往音/视频切换开关 N701 中进行选频，选频后由音/视频切换开关的⑬脚输出第二伴音中频信号。

　　第二伴音中频信号，再经 N101 的⑪脚送回到中频信号处理电路中，经限幅放大、FM解调以及音频放大后，由⑩脚输出音频信号，送往后级音频信号处理电路中。

 提示

　　　带通滤波电路主要用于提取全电视信号中的第二伴音中频信号，并消除干扰和杂波，通常情况下，该电路使用的滤波器主要有6.5MHz、6.0MHz、5.5MHz等。陷波电路主要用于去除全电视信号中的第二伴音中频信号，取出视频图像信号，并将视频图像信号送往后级电路。

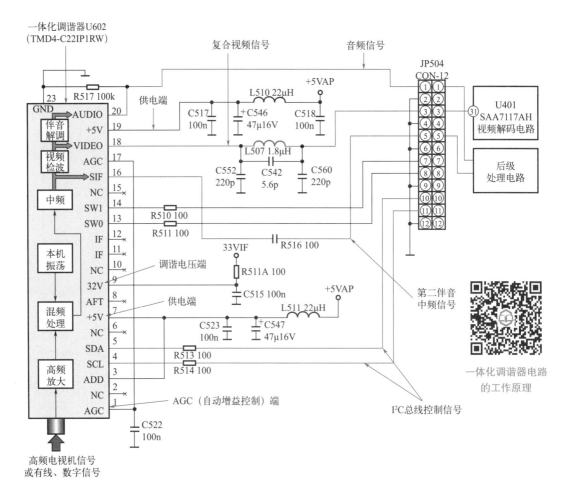

图3-15　典型液晶电视机的一体化调谐器电路原理图

（2）采用一体化调谐器的电视信号接收电路分析

图 3-15 所示为典型液晶电视机的一体化调谐电路原理图。由图可以看出，天线接收的高频电视机信号或有线、数字信号送入一体化调谐器 U602（TMD4-C22IP1RW）中，该调谐器集成了调谐和中频两个电路功能，送来的信号经其内部高频放大、调谐、变频等处理后，从 U602 的 ⑱ 脚输出复合视频信号（CVBS 信号）经接口 JP504 的③脚送到视频解码电路 U401 的 ㉛ 脚进行视频处理；U602 的 ⑯ 脚输出第二伴音中频信号，㉒ 脚输出音频信号经 JP504 的⑤、①脚送至后级处理电路中。

第4章 液晶电视机的数字信号处理电路

4.1 数字信号处理电路的结构

4.1.1 数字信号处理电路的特点

数字信号处理电路是液晶电视机中专门用于处理视频图像信号的部分，是液晶电视机中的核心电路。

液晶电视机中的数字信号处理电路是处理视频图像信号的关键电路，由电视信号接收电路以及外部接口（AV、分量视频、S端子、VGA等）送来的视频图像信号，在该电路中进行处理，将视频图像信号变为数字视频信号，并送往液晶屏驱动电路中，驱动液晶屏显示图像。

图4-1所示为典型液晶电视机的数字信号处理电路。

可以看到，液晶电视机的数字信号处理电路主要是由视频解码器、数字图像处理芯片、图像存储器及时钟晶体等部分构成的。

随着集成电路技术的发展和平板电视机制造技术的成熟，有的液晶电视机中将视频解码器与数字图像处理芯片集成到一个大规模集成电路中；也有的将视频解码器、数字图像处理芯片微处理器合而为一，制作在一个超大规模集成电路内，这样的集成电路兼具有多种功能。图4-2所示为典型康佳液晶电视机中的数字图像处理芯片PW1306，该芯片内部集成了微处理器，同时具有数字图像处理和系统控制的两大功能。

此外，也有些液晶电视机的数字信号处理电路还包含有单独的视频图像增强电路、数字视频格式变换电路（也称隔行转逐行处理电路，如常见的FLI2310）等，不论其结构如何变化，其处理视频图像信号的流程基本相同。

4.1.2 数字信号处理电路的主要组成部件

（1）视频解码器

图4-3所示为视频解码器U401（SAA7117AH）的实物外形。SAA7117AH是一种数字视频信号解码器，支持NTST/PAL/SECAM三种制式的视频输入信号，可提供10位的A/D转换，具有自动颜色校正，全方位的亮度、对比度和饱和度的调整等功能。

图像存储器
U200
（K4D263238F-QC50）

数字图像处理芯片
U105
（MST5151A）

晶体Z100
14.318MHz

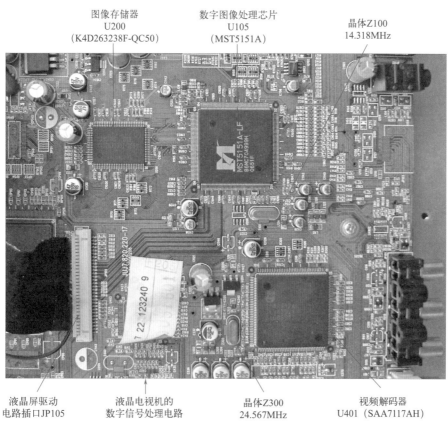

液晶屏驱动
电路插口JP105

液晶电视机的
数字信号处理电路

晶体Z300
24.567MHz

视频解码器
U401（SAA7117AH）

图4-1　典型液晶电视机的数字信号处理电路

数字图像处理芯片PW1306内
部集成了微处理器部分

图像存储器

数字图像处理
芯片PW1306

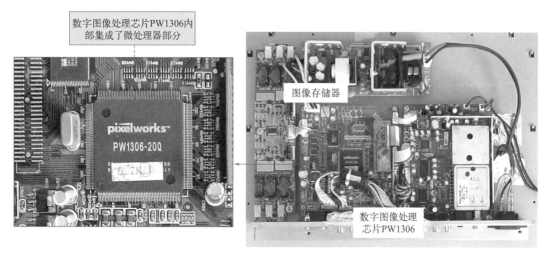

图4-2　具有数字图像处理和系统控制两大功能的数字信号处理芯片PW1306

视频解码器U401
SAA7117AH

集成电路表面的
型号标识

①号引脚标识

视频解码器属于大规模
集成电路，其内部集成
有自动颜色校正，全方
位的亮度、对比度和饱
和度的调整等功能

图4-3　视频解码器U401（SAA7117AH）的外形

相关资料　　视频解码器SAA7117AH的功能十分强大，内部集成的功能单元也多种多样，通过其内部功能框图可清晰地了解其内部功能，同时也对后面分析和掌握其工作原理和信号处理流程有所帮助。

图4-4所示为视频解码器SAA7117AH的内部功能框图，表4-1列出了其各引脚的具体功能。

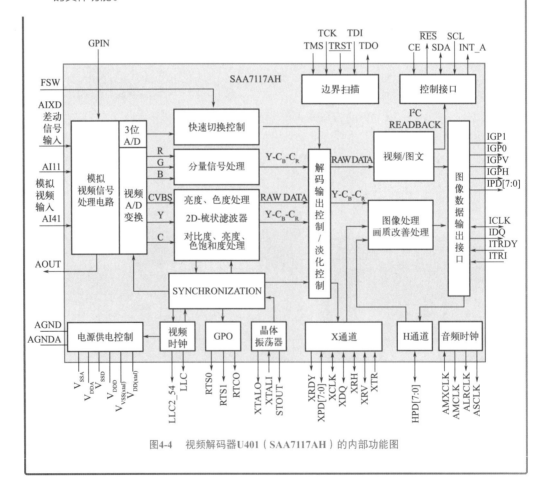

图4-4　视频解码器U401（SAA7117AH）的内部功能图

表 4-1　视频解码器 U401（SAA7117AH）的引脚功能

引脚号	名称	引脚功能	引脚号	名称	引脚功能
②⑤⑦⑩	AI41-AI44	第4路模拟信号输入组	㊵㊶(157)	VDDAC18 VDDAA18	模拟 1.8 V 供电端
③④⑫ ⑳㉘㉟ ㊳	AGND V_{SSA}	地	㊹	CE	IC 复位信号输入
⑥	AI4D	ADC第4路微分输入信号	㊻(59)(73)(95) (114)(136)(151)	V_{DDD} (MTD33)	数字 3.3V 供电端
⑧⑨⑯ ⑰㉔㉕ ㉜㉝㊲	V_{DDA}	模拟3.3V供电端	㊿(65)(101) (106)(132)(142)	V_{DDD} (MTD18)	数字 1.8V 供电端
⑪⑬⑮ ⑱	AI31-AI34	第3路模拟信号输入组	(52)～(58) (60)(61)(62)(64)	NC	空脚
⑭	AI3D	ADC第3路微分输入信号	(66)	SCL	I^2C 总线时钟信号输入
⑲㉓	AI21、AI23	第2路模拟信号输入组	(66)	SDA	I^2C 总线数据输入 / 输出
㉑	AI22	第2路模拟信号输入 (AV1色度输入信号)	(71)	RTCO	实时控制输出 （未使用）
㉒	AI2D	ADC第2路微分输入信号	(75)	ALRCLK	音频左 / 右时钟信号输出 （未使用）
㉖	AI24	第2路模拟信号输入 (侧置AV2色度输入信号)	(76)	AMXCLK	音频控制时钟输出 （未使用）
㉗	AI11	第1路模拟信号输入	(84)	ICLK	视频时钟输出
㉙	AI12	第1路模拟信号输入 (AV1的Y/V输入信号)	(90)	IGPV	视频场同步信号输出
㉚	AI1D	ADC第1路微分输入信号	(91)	IGPH	视频行同步信号输出
㉛	AI13	第1路模拟信号输入 (TV输入的IF信号)	(155)(156)	XTALI XTALO	晶振接口
㉞	AI14	第1路模拟信号输入 (侧置AV2 Y/V输入信号)	(92)(93)(94)(97) (98)(99)(100)(102)	IPD7-IPD0	视频信号输出端口

（2）数字图像处理芯片

图 4-5 所示为数字图像处理芯片 U105（MST5151A）的实物外形，MST5151A 是一种具有多功能的高画质数字视频处理芯片，功能强大。

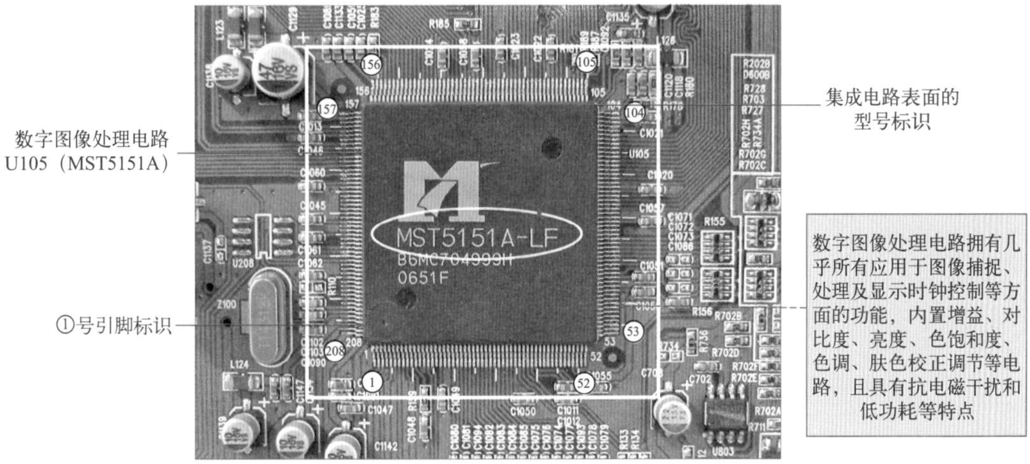

数字图像处理电路
U105（MST5151A）
①号引脚标识
集成电路表面的
型号标识
MST5151A-LF
0651F
数字图像处理电路拥有几乎所有应用于图像捕捉、处理及显示时钟控制等方面的功能，内置增益、对比度、亮度、色饱和度、色调、肤色校正调节等电路，且具有抗电磁干扰和低功耗等特点

图4-5　数字图像处理芯片U105（MST5151A）的实物外形

表4-2所列为数字图像处理芯片U105（MST5151A）的引脚功能。

表4-2　数字图像处理芯片U105（MST5151A）的引脚功能

引脚号	名称	引脚功能	引脚号	名称	引脚功能
模拟信号输入端口			时钟合成和电源		
⑳㉑	BIN1M BIN1P	Pb模拟信号输入(YPbPr)	⑳②⑳③	XIN,XOUT	晶振接口
㉒	SOGIN1	Y同步信号(YPbPr)	④⑩	AVDD-DVI	DVI 3.3 V电源
㉓㉔	GIN1M GIN1P	Y模拟信号输入(YPbPr)	⑫	AVDD-PLL	PLL的3.3 V电源
㉕㉖	RIN1M RIN1P	Pr模拟信号输入(YPbPr)	⑰㉞	AVDD-ADC	ADC 3.3 V电源
㉗㉘	BIN0M BIN0P	Pb模拟信号输入(VGA)	㊾	AVDD-APLL	音频PLL的1.8V电源
㉙㉚	GIN0M GIN0P	Y模拟信号输入(VGA)	⑩⑨	AVDD-PLL2	PLL2的3.3 V电源
㉛	SOG IN0	Y同步信号(VGA)	⑳④	AVDD-MPLL	PLL的3.3 V电源
㉜㉝	RIN0M RIN0P	Pr模拟信号输入(VGA)	⑧⑥ ⑩② ⑪③ ⑫⑤ ⑬⑨ ⑮④	VDDM	存储器2.5V电源
㉛⑦	AVSYNC	ADC场同步信号输入	⑥⑥ ⑯② ⑱②	VDDP	数字输出3.3V电源
㊱⑥	AHSYNC	ADC行同步信号输入	⑥③ ⑦⑨ ⑬① ⑮⑥ ⑰③ ⑱⑤ ⑲⑤	VDDC	数字核心1.8V电源
DVI输入端口			① ⑦ ⑬ ⑯	GROUND	地
②③⑤ ⑥⑳⑦⑳⑧	DA0+,DA0− DA1+,DA1− DA2+,DA2−	DVI输入口	㉟⑤⑩ ⑥④⑥⑤ ⑧⑩⑧⑦ ⑩③⑩⑧ ⑪④⑫⑥ ⑬②⑭⑩	GROUND	地
⑧⑨	CLK+,CLK−	DVI时钟输入信号	⑮⑤⑮⑦ ⑮⑨⑯③ ⑰②⑱③ ⑱④⑲④ ⑳⑤⑳⑥	GROUND	地
⑪	REXT	外部中断电阻	MCU		
⑭	DVI-SDA	DDC接口 串行数据信号	⑥⑦	HWRESET	硬件重启 恒为高电平输入
⑮	DVI-SCL	DDC接口 串行时钟信号	㉒～㉕	DBUS	与MCU的数据通信输 入/输出
LVDS端口			㉘	INT	MCU中断输出
⑥④⑥⑤	LVACKM LVACKP	低压差分时钟输入	帧缓存器接口		
⑥⑩⑥① ⑥⑥⑥⑧ ⑥⑦⑥⑨ ⑦⑩⑦①	LVA3P LVA3M LVA2P LVA2M LVA1P LVA1M LVA0P LVA0M	低压差分数据输出	⑪⑦～⑫④ ⑫⑦～⑬⑩	MADR[11：0]	地址输出
视频信号输入端口			⑩①⑬③	DQM[1：0]	数据输出标识
⑥⑥	VI-CK	视频信号时钟输入	⑧①⑩⑩⑬④⑬③	DQS[3：0]	数据写入使能端
㊶～㊽ ㊴～㉛	VI-DATA	视频信号(Y、U、V) 数据输入	⑩④	MVREF	参考电压输入
数字音频输出端口			⑩⑤	MCLKE	时钟输入使能端
⑧⑧	AUMCK	音频控制时钟信号输出	⑩⑥ ⑩⑦	MCLKZ MCLK	时钟补充信号 时钟信号输入
⑧⑨	AUSD	音频数据信号输出	⑫② ⑪⑤	RASZ CASZ	行址开关(恒为低) 场址开关(恒为低)
⑨⑩	AUSCK	音频时钟信号输出	⑧②～⑧⑤ ⑧⑧～⑨⑨ ⑬⑤～⑬⑧ ⑭①～⑮②	MDATA[31：0]	数据输入输出端
⑨①	AUWS	选择输出端	⑩⑩⑪①	BADR[1：0]	层选地址

（3）图像存储器

数字信号处理电路中的图像存储器也称为图像帧存储器，用于与数字图像处理器相配合，对图像的数据进行暂存，来实现数字图像信号的处理。图 4-6 所示为图像存储器 U200（K4D263238F）的实物外形。

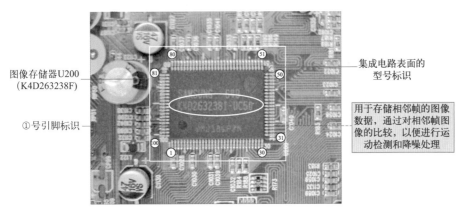

图像存储器U200（K4D263238F）

①号引脚标识

集成电路表面的型号标识

用于存储相邻帧的图像数据，通过对相邻帧图像的比较，以便进行运动检测和降噪处理

图4-6　图像存储器U200（K4D263238F）的实物外形

相关资料

图像存储器K4D263238F的内部功能框图如图4-7所示。

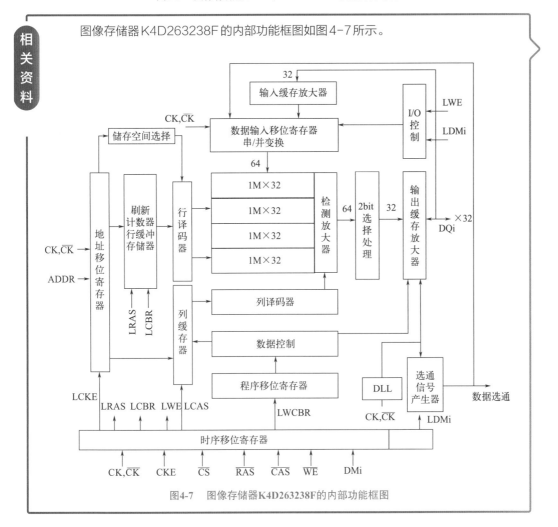

图4-7　图像存储器**K4D263238F**的内部功能框图

在液晶电视机中，一般会用到三种存储器，一种即为上述的图像存储器，还有两种是系统控制电路中的用户存储器和程序存储器。

其中，图像存储器又称为外部数据存储器，用于与数字图像处理芯片相配合，通过多根数据总线和地址总线来实现图像信息的存储与调用。

用户存储器（EEPROM，电可改存储器），通常位于微处理器旁边，常见型号有24C16R、24C32R、24C64R几种，用于存储用户数据，如亮度、音量、频道等信息。用户存储器与微处理器之间通过 I^2C 总线进行连接。

程序存储器，即FLASH存储器（闪存），用于存储CPU工作时的程序，程序不可改写，在液晶电视机出厂时已经设定好。程序存储器通过多根数据总线和地址总线与CPU连接。

（4）时钟晶体

一般在视频解码器和数字图像处理芯片附近都安装有时钟晶体，分别与芯片内部的振荡电路构成晶体振荡器，为视频解码电路和数字图像处理电路提供时钟信号，图 4-8 所示为两个时钟晶体的实物外形。

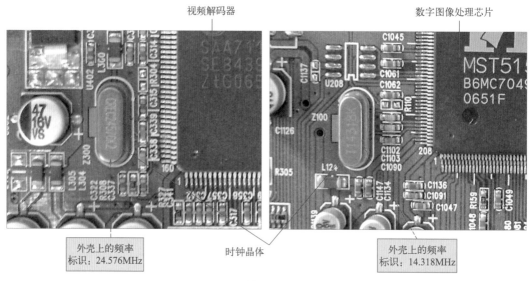

图4-8 时钟晶体的实物外形

4.2 数字信号处理电路的原理

4.2.1 数字信号处理电路的工作原理

数字信号处理电路是处理视频图像信号的关键电路部分，该电路对电视信号接收电路送来的视频图像信号或外部输入的视频图像信号进行解码，并转换成驱动液晶显示屏的驱动信号。图 4-9 所示为典型液晶电视机中数字信号处理电路的流程框图。

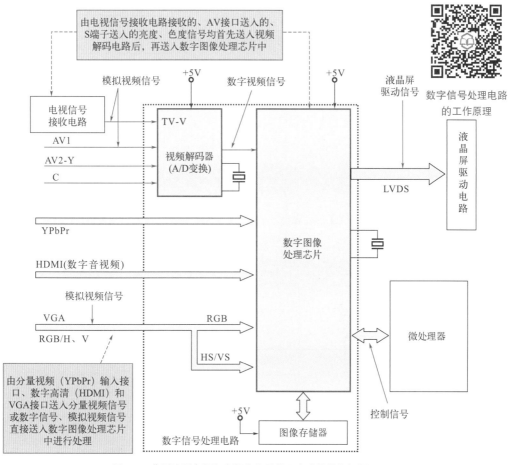

图4-9　典型液晶电视机中数字信号处理电路的流程框图

由图 4-9 可知，整个信号的处理过程根据其处理方式的不同大致可分为两个部分。由电视信号接收电路接收的视频图像信号和 AV1、AV2 的视频信号经视频解码电路 U401 后送入数字图像处理电路 U105 进行数字图像处理。计算机显卡 VGA 的视频信号和高清视频（分量视频）信号直接送入数字图像处理电路 U105 进行数字图像处理，然后输出数字视频信号，送往液晶显示屏。

 提示

不同品牌和型号的液晶电视机中，数字信号处理电路的基本流程，即信号处理的过程为：由输入引脚（输入端）送入信号→处理信号→由输出引脚输出信号，并送入下一级输入端→处理信号→由输出端输出……。

4.2.2　数字信号处理电路的电路分析案例

数字信号处理电路的结构相对较复杂，下面我们以典型长虹液晶电视机的数字信号处理电路为例进行介绍，并按照电路功能将其划分为几个部分，分别进行分析。

图 4-10 所示为典型长虹液晶电视机的数字信号处理电路关系图，由图不难了解到该电路中各主要元件的信号传输关系，对后面具体分析电路起到指导性作用，也有助于理清主要信号的工作流程。

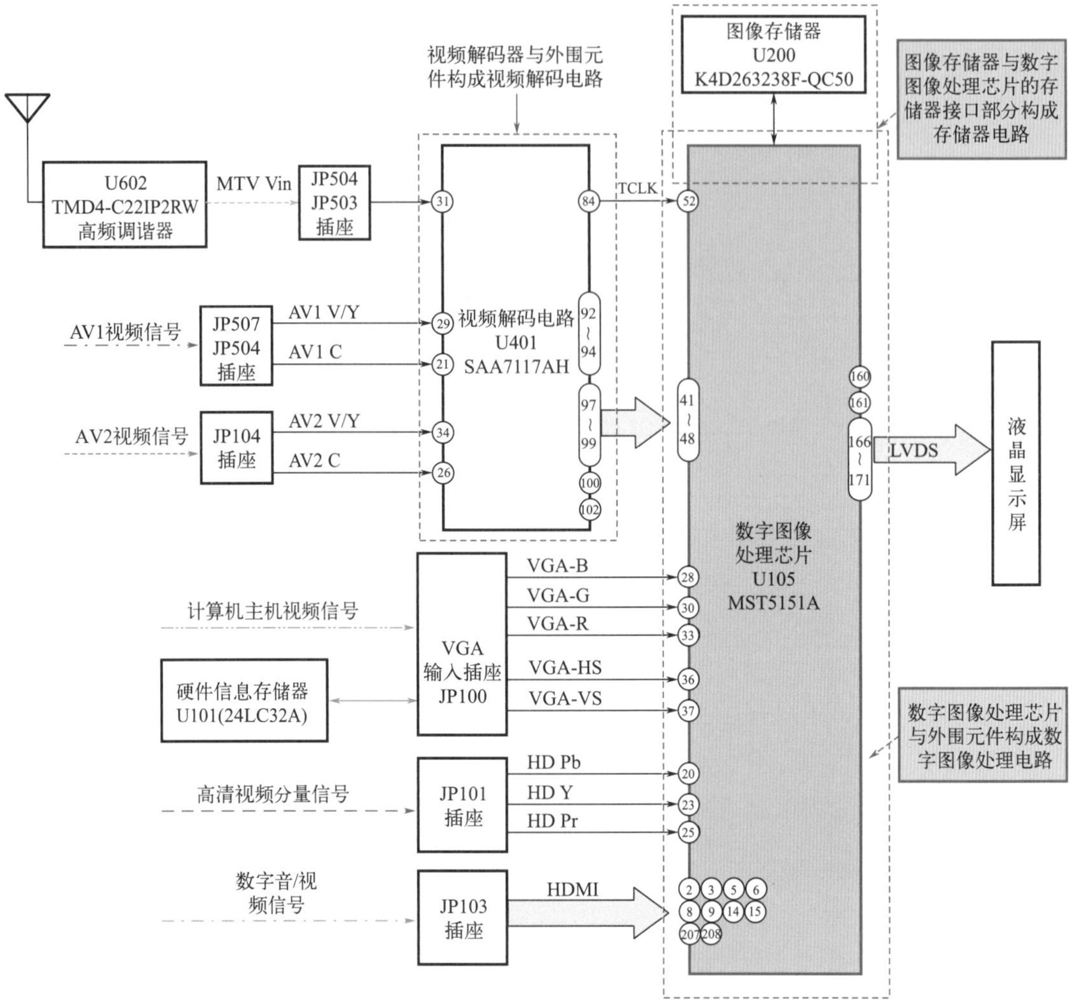

图4-10　典型长虹液晶电视机的数字信号处理电路关系图

（1）视频解码电路

视频解码器 U401（SAA7117AH）与外围元件构成了该液晶电视机的视频解码电路部分，如图 4-11 所示。

由于液晶电视机信号输入的端口较多，不同类型的输入信号设置了不同的传输通道。可以看到，来自前级电视机信号接收电路和 AV 接口电路部分的视频图像信号送入视频解码器中。

其中，由电视信号接收电路送入的模拟视频信号（MTV Vin），送入视频解码器 SAA7117AH 的 ㉛ 脚。

若由 AV 接口或 S 端子为液晶电视机输入信号时，AV1 的视频信号（AV1 V）或 S 端子的亮度信号（AV1 Y）送入视频解码器 SAA7117AH 的 ㉙ 脚，S 端子的色度信号（AV1 C）送入视频解码器 SAA7117AH 的 ㉑ 脚。

AV2 接口的视频信号（AV2 V）、S 端子的亮度信号（AV2 Y）送入视频解码器 SAA7117AH 的 ㉞ 脚；色度信号（AV2 C）送入视频解码器 SAA7117AH 的 ㉖ 脚。

由上述引脚输入的视频图像信号在视频解码器中经切换处理，然后进行 A/D 变换，再进行数字视频（解码）处理，经处理后输出 8 路并行数字分量视频信号。

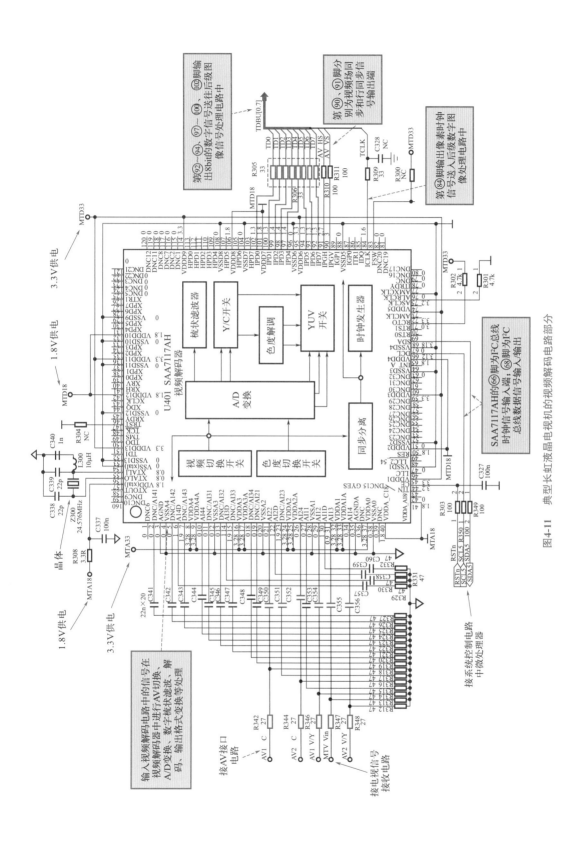

图4-11 典型长虹液晶电视机的视频解码电路部分

液晶电视机维修从入门到精通

　　在很多品牌和型号的液晶电视机中，除了SAA7117AH视频解码器外，VPC3230D也是比较常用的一种视频解码器，图4-12所示为采用VPC3230D视频解码器的视频解码电路。

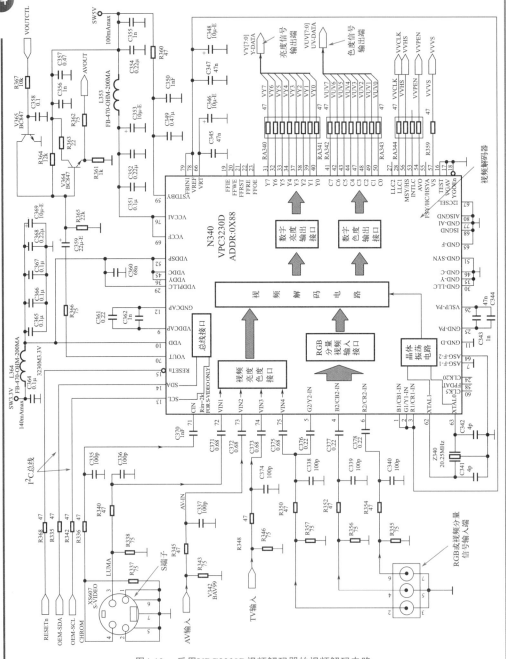

图4-12　采用**VPC3230D**视频解码器的视频解码电路

　　VPC3230D的⑦脚、⑦脚分别为色度信号和亮度信号的输入端，⑦脚是输入AV接口送来的视频信号，⑦脚输入本机接收的视频信号。同时VPC3230D的④脚、⑤脚、⑥脚输入分量视频CB、Y、CR信号。

模拟视频信号在视频输入接口电路中进行切换处理，然后视频信号在集成电路的内部进行 A/D 转换和解码处理，将模拟信号变为数字信号，处理后的数字图像信号经接口电路后分别输出亮度和色差信号，每一路都是 8 条引线，这些数字信号被送往数字信号处理电路，以便进一步进行数字图像处理。

视频解码电路 VPC3230D 的⑬脚、⑭脚为 I²C 总线控制信号输入端，⑫脚、⑬脚外接 20.25MHz 的晶体 Z340，和芯片内部的时钟信号产生电路产生谐振，为集成电路提供时钟信号。VPC3230D 的供电电压有两组，分别为 3.3V 和 5V。

（2）数字图像处理电路

数字图像处理芯片与外围元件构成了数字图像处理电路。由于数字图像处理电路十分复杂，可将其按处理功能分解成以下几个部分进行分析。

① MST5151A 中的数字图像处理部分　图 4-13 所示为数字图像处理器 MST5151A 的数字图像处理部分。由视频解码电路输出或来自其他接口电路部分的不同格式的数字视频信号均送入 MST5151A 中，经其内部处理后输出驱动液晶显示屏的 LVDS 液晶屏驱动信号。

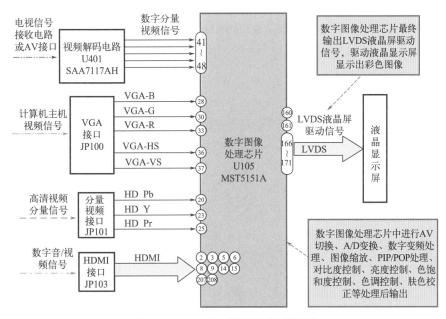

图4-13　MST5151A的数字图像处理部分

送入数字视频信号处理芯片的视频信号分为四路，若需要对该电路部分进行检测时，应首先明确是由哪一路或哪几路信号作为输入端，便于找准检测点，提高检修效率。

其中，第一路是由视频解码器 U401（SAA7117AH）输出的数字分量视频信号，它们送往数字图像处理芯片 U105（MST5151A）的 ④① ～ ④⑧ 脚。

第二路是由 VGA 接口插座 JP100 输入的 VGA 信号，其中 VGA-B、VGA-G、VGA-R 视频信号分别输入到 MST5151A 的 ㉘、㉚、㉝ 脚，VGA-HS、VGA-VS 两路同步信号输入到 MST5151A 的 ㊱、㊲ 脚。

第三路是由分量视频接口插座 JP101 输入的高清视频分量信号，HD-Pb 信号送入 MST5151A 的 ⑳ 脚；HD-Y 信号送入 MST5151A 的 ㉓ 脚；HD-Pr 信号送入 MST5151A 的 ㉕ 脚。

最后一路是由 HDMI 接口插座 JP103 输入的数字音 / 视频信号，四组差分数据 DA0-/DA0+、DA1-/DA1+、DA2-/DA2+、CLK-/CLK+ 信号直接送到 U105(MST5151A) 的②/③、⑤/⑥、⑧/⑨、⑭/⑮、㉗、㉘ 脚。

上述四路信号输入到 MST5151A 中，经各种处理后，由 MST5151A⑯、⑯、⑯ ~ ⑰ 脚输出，并送往液晶显示屏，驱动液晶显示屏显示出彩色图像。

提示

由 VGA 接口、分量视频信号（Y、Pb、Pr）接口送入的视频图像信号直接送入数字图像处理芯片 MST5151A 中进行处理，因此，在数字图像处理芯片 MST5151A 中设有相应的接口电路部分，用以接收这些信号，相关的电路结构和分析将在后面接口电路的相关章节中介绍，这里不再赘述。

② MST5151A 与后级液晶屏驱动电路的连接接口电路　图 4-14 所示为数字图像处理芯片 MST5151A 与液晶屏驱动电路插件 JP105 的连接接口电路。MST5151A 通过其⑯、⑯、⑯ ~ ⑰ 脚输出低压差分信号（LVDS），通过插件 JP105 及数据线驱动液晶屏。

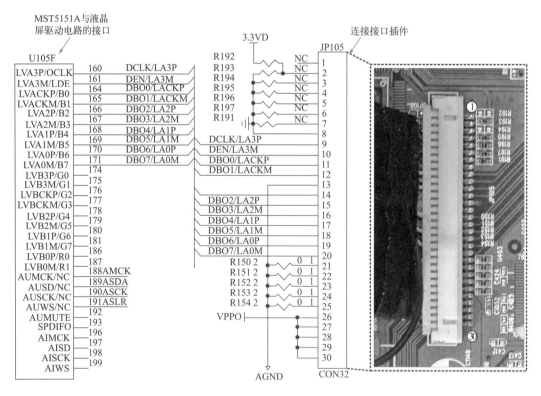

图4-14　MST5151A与液晶屏驱动电路的连接接口电路

③ MST5151A 的 CPU 接口电路　图 4-15 所示为 MST5151A 的 CPU 接口电路。MST5151A 的㉒、㉓ 脚外接石英振荡晶体，用来产生时钟振荡信号，㉗ ~ ㊟ 脚与微处理器 MM502 相连，传输各种控制信号。

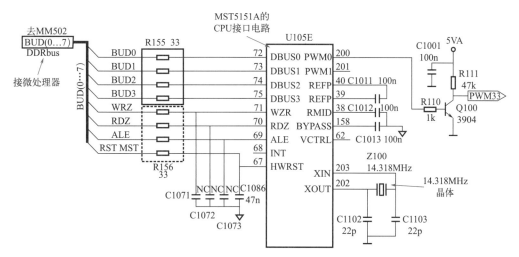

图4-15　MST5151A的CPU接口电路

④ MST5151A 的电源供电电路接口　图 4-16 所示为 MST5151A 的电源供电电路接口。该部分有多条引线接地，另外有多种电路分别给不同的引脚供电，图中主要为 3.3 V、2.5 V 和 1.8 V 等几种。采用这种分别供电的形式主要是由于 MST5151A 内部有多种信号处理电路，分别进行接地和供电可以防止信号的相互干扰。

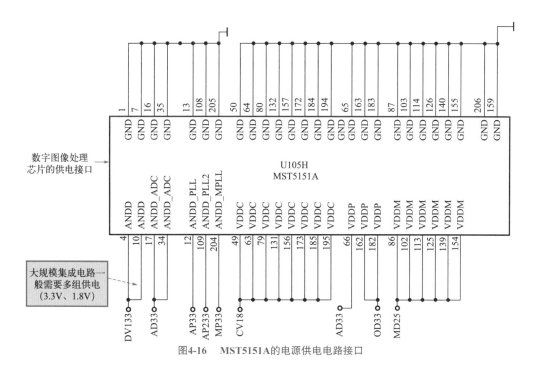

图4-16　MST5151A的电源供电电路接口

（3）图像存储器电路

图像存储器 U200（K4D263238F）与数字图像处理芯片 MST5151A 中的存储器接口电路构成了图像存储器电路部分。

图 4-17 所示为图像存储器电路原理图，从图中可以看到图像存储器与数字图像处理芯片 MST5151A 的连接关系。

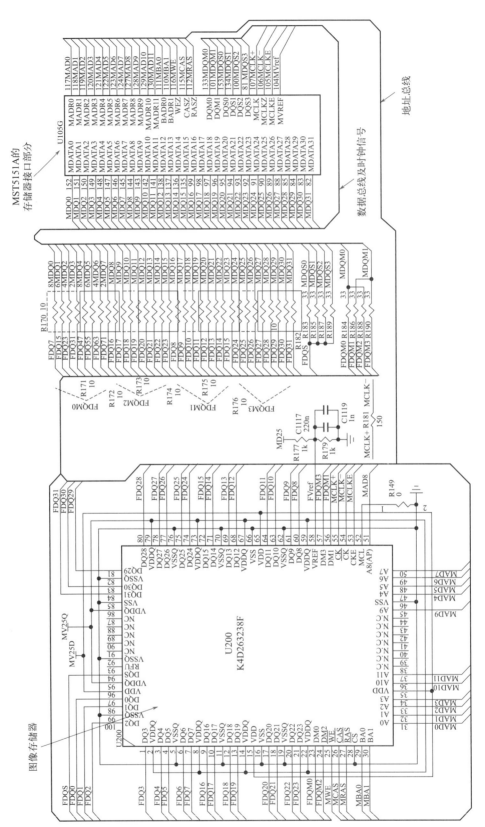

图4-17　图像存储器电路原理图

数字图像处理芯片 MST5151A 在进行数字图像处理时，通常要将相邻帧的图像数据存储在存储器中，通过对相邻帧图像的比较，以便进行运动检测和降噪处理。K4D263238F（U200）为 8MB 的帧存储器，数字图像处理芯片 MST5151A 通过内部存储控制器与 U200 之间进行数据交换，从而完成对图像信号的变频处理。

MST5151A 与图像存储器的接口是 32 条数据总线（MDATA0 ～ MDATA31）和 12 条地址总线（MADR0 ～ MADR11）。MWE、MCAS、MRAS 是控制信号线，MCLK 是时钟线，这几种信号被称为控制总线。

第5章 液晶电视机的系统控制电路

5.1 系统控制电路的结构

系统控制电路是电子类产品的控制核心，整机动作都是由该电路输出控制指令进行控制，进而实现产品的某种功能。

5.1.1 系统控制电路的特点

在液晶电视机中，系统控制电路是以微处理器（CPU）为核心的控制电路。图 5-1 所示为典型长虹液晶电视机的系统控制电路，该电路主要是由微处理器 U800（MM502）、11.0592 MHz 的晶体、用户存储器 U802（24LC32A）、程序存储器 U803（PMC25LV512）等部分构成的。

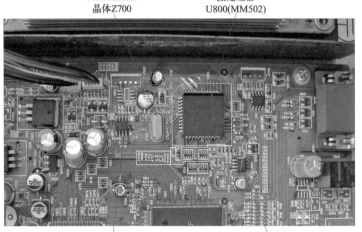

11.0592MHz
晶体Z700

微处理器
U800(MM502)

液晶电视机的系统
控制电路的结构
组成

用户存储器
U802(24LC32A)

程序存储器
U803(PMC25LV512)

图5-1 典型长虹液晶电视机的系统控制电路

5.1.2 系统控制电路的主要组成部件

（1）微处理器

图 5-2 所示为微处理器 U800（MM502）的实物外形，MM502 是系统控制电路的核心部件，

主要用来接收操作显示电路送来的人工指令，并将人工指令变为控制信号，为各个电路提供控制信号。

微处理器
U800(MM502)

①号引脚标识

图5-2　微处理器U800（MM502）的实物外形

相关资料

MM502是一种专门为液晶显示器、液晶电视机等平板产品开发的大规模集成微处理器（MCU），该集成电路内置8051内核、128 KB的可编程FLASH-ROM，且可为其他集成电路提供时钟信号，具有低功耗、数字输入信号和DVI信号界面等特点。该集成电路各引脚功能如表5-1所列。

表5-1　微处理器U800（MM502）的引脚功能

引脚号	名称	引脚功能	引脚号	名称	引脚功能
①	DA2（LED R）	待机红灯控制	㉚	P6.4（BKLON）	背灯开关端口
②	DA1（LED G）	开机绿灯控制	㉛	P6.5（STANDBY）	开机电源打开端口
③	DA0（ALE）	MCU总线ALE	㉜	P6.6（SPISI）	DDC 数据输入端口
④	VDD3	3.3V内核供电	㉝	P6.7（SPICE#）	FLASH 使能端口
⑤⑥	HSDA2/HSCL2	I^2C总线2的数据/时钟信号	㉔	P1.6（SPISO）	DDC 数据输出端口
⑦	RST	IC复位端	㉕	P1.7（SPISCK）	DDC 时钟输入端口
⑧	VDD	+5V供电端	⑰⑱⑳㉑	P1.0～P1.3（BUD0～BUD3）	DDR 总线输出信号
⑩	VSS	地	㉒	P1.4（WRZ）	MCU 总线 WRZ
⑪⑫	X2、X1	晶振端口	㉓	P1.5（RDZ）	MCU 总线 RDZ
⑬	ISDA	主I^2C总线数据输入/输出	㉞	DA6（RST MST）	主 IC(MST5151A) 复位控制信号输出
⑭	ISCL	主I^2C总线时钟信号输出	㉟	DA7（RSTn）	解码器（SAA7117AH）复位控制信号输出
⑨	P6.3（DPF Ctrl）	DPF制式打开端口	㊱	P4.0（H PLUG）	HDMI 制式打开端口
⑮	P4.2（P-EN）	上屏电压控制端	㊲	P4.1（PLUG VGA）	VGA 制式打开端口
⑯	P6.2（DPF-IR）	DPF遥控信号输出端口	㊳㊴	DA8（A-SW0）DA9（A-SW1）	音频选择输出信号
⑲	MIR	遥控输入信号	㊵	DA5（MUTE）	静音控制信号
㉖㉗	P6.0（KEY1）P6.1（KEY0）	按键输入信号	㊶㊷	MT SW0，1	主调谐器控制信号
㉘㉙	MRXD，MTXD	程序读写端口	㊸㊹	PT SW0，1	子调谐器控制信号

不同机芯和型号的液晶电视机中，采用的微处理器芯片也不一样，值得注意的是，有些液晶电视机中将微处理器电路以及数字图像处理电路合而为一，制作在一个芯片内，这样的芯片具备了两者的功能，如图5-3所示。

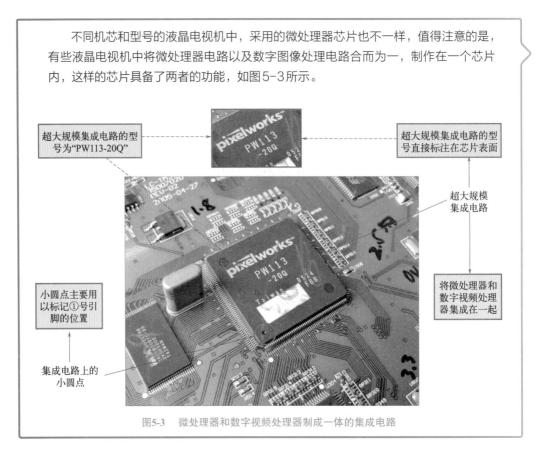

超大规模集成电路的型号为"PW113-20Q"

超大规模集成电路的型号直接标注在芯片表面

超大规模集成电路

将微处理器和数字视频处理器集成在一起

小圆点主要用以标记①号引脚的位置

集成电路上的小圆点

图5-3　微处理器和数字视频处理器制成一体的集成电路

（2）用户存储器和程序存储器

图 5-4 所示为用户存储器 U802（24LC32A）和程序存储器 U803（PMC25LV512）的实物外形。

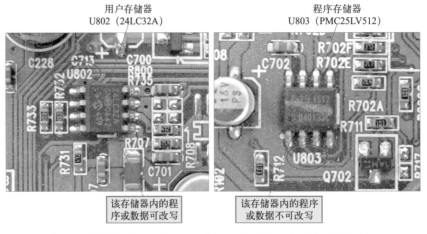

用户存储器
U802 （24LC32A）

程序存储器
U803 （PMC25LV512）

该存储器内的程序或数据可改写

该存储器内的程序或数据不可改写

图5-4　存储器U802（24LC32A）和U803（PMC25LV512）的实物外形

（3）晶体

图 5-5 所示为晶体 Z700（11.0592 MHz）的实物外形，晶体 Z700 与微处理器 U800 内部的电路组成时钟振荡电路，用来产生 11.0592 MHz 的时钟晶振信号。

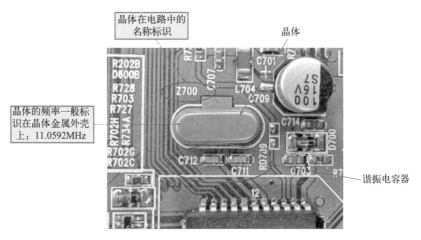

图5-5　晶体Z700（11.0592 MHz）的实物外形

相关资料

　　液晶电视机的系统控制电路中，除上述主要的组成元件外，操作显示及遥控接收电路也是构成系统控制电路的重要部分。不同品牌和型号的液晶电视机中，操作显示及遥控接收电路的具体结构也不同。

　　例如，图5-6所示为典型液晶电视机中操作显示及遥控接收电路板的实物外形，其主要是由操作按键、指示灯以及遥控接收头等部分构成。操作按键和遥控接收头主要用来接收人工指令信号，并将其送往微处理器中进行识别；指示灯主要用来显示液晶电视机的工作状态。

图5-6　操作显示及遥控接收电路板的实物外形

5.2　系统控制电路的原理

5.2.1　系统控制电路的工作原理

　　系统控制电路是液晶电视机的控制核心部分，液晶电视机的各种操作都是由系统控制电路进行分析处理的。

　　系统控制电路中，微处理器对接收的人工指令信号（遥控信号，操作按键的信号）进行分析识别，并将其转换成各种控制信号，对液晶电视机的频道、频段、音量、声道、屏幕亮度以及制式等进行控制。

　　图5-7所示为微处理器MM502各控制端口功能。

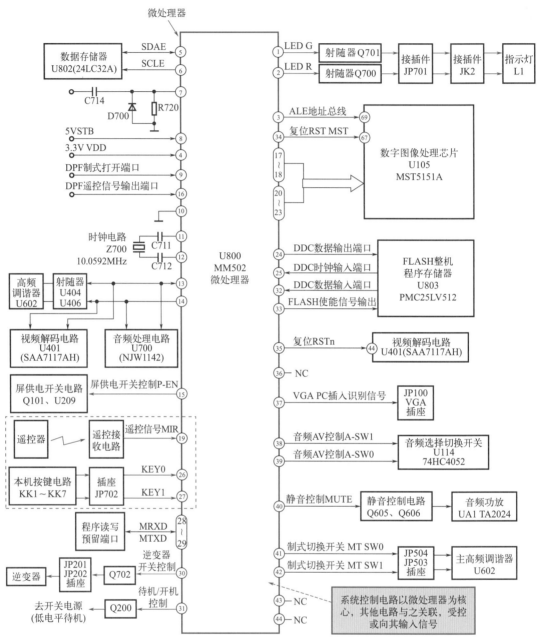

图5-7　微处理器MM502各控制端口功能

可以看到，微处理器 MM502 的供电电压有两组，分别为④脚的 +3.3 V 内核供电电压和⑧脚的 +5 V 供电电压。

晶体 Z700 与微处理器内部的时钟电路构成时钟振荡电路，为微处理器提供时钟振荡信号。

MM502 的⑦脚为复位信号输入端，常态为高电平，开机瞬间低电平复位，将微处理器内部的数据进行清零。

用户存储器和程序存储器主要用来存储该液晶电视机的频段、频道、音量、制式、亮度、对比度以及版本等信息，在开机时通过 I²C 总线进行调用。

用户通过人工指令键（㉖、㉗脚）或遥控接收信号（⑲脚）为微处理器输送人工指令，微处理器通过对指令的识别，输出各路控制信号，送往音频、视频处理电路或其他电路部分，主要通过 I²C 总线进行控制。

　　MM502 的①、②脚为指示灯控制端，其中①脚为绿色指示灯控制；②脚为红色指示灯控制。

5.2.2　系统控制电路的电路分析案例

　　图 5-8 所示为典型液晶电视机的系统控制电路。

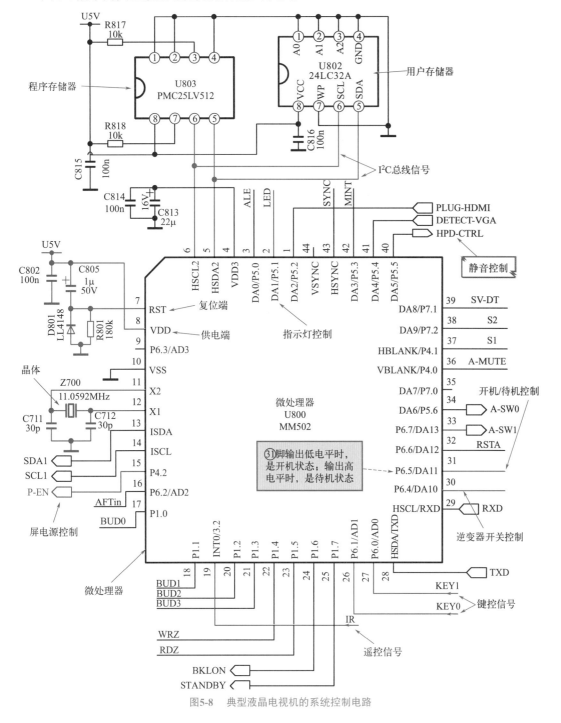

图5-8　典型液晶电视机的系统控制电路

（1）微处理器启动电路

微处理器 U800（MM502）进入工作状态需要具备一些工作条件，主要包括 +5V 供电电压、复位信号和晶振信号，如图 5-9 所示。

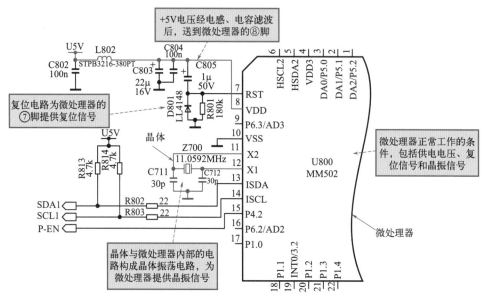

图5-9　微处理器的工作条件（启动电路部分）

（2）人工指令输入电路

液晶电视机的人工指令输入电路主要是由操作按键、遥控接收器等构成的。微处理器通过对人工指令的识别，才可输出相应的控制信号对其他电路进行控制，如图 5-10 所示。

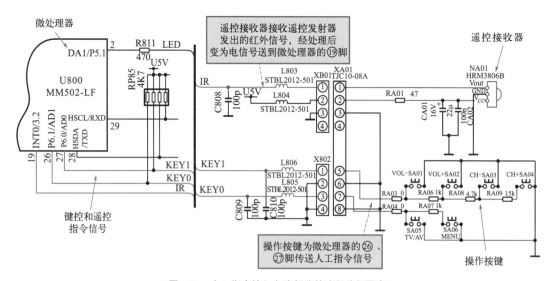

图5-10　人工指令输入电路部分的流程分析要点

人工指令输入电路中的操作键盘电路为电阻分压式键盘，可产生不同的直流电压信号（人工指令）送到微处理器中；遥控接收器将红外信号转变为电信号送到微处理器中，微处理器对信号进行识别后，会根据预定的程序进行各种控制操作。

（3）指示灯控制电路

图 5-11 所示为指示灯控制电路部分。其中，微处理器 U800 的①、②脚为指示灯控制端，其中①脚为绿色指示灯控制；②脚为红色指示灯控制。微处理器 U800 的①、②脚及外围元器件 R704、R705、Q700、Q701 等构成指示灯控制电路。

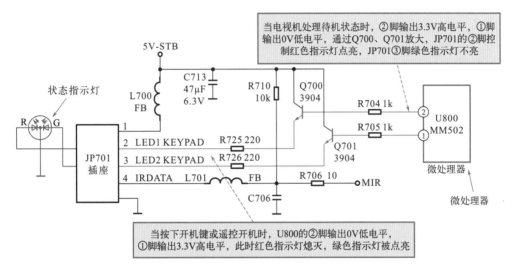

图5-11　指示灯控制电路

 提示

　　利用指示灯的工作状态，判断电视机的故障范围是在进行检修时快速查找故障点的捷径之一，如：当电视机不开机或黑屏时，若指示灯不亮，则可能为电源电路不正常或负载严重短路；若红色指示灯亮，开启电视机时绿色指示灯不能点亮或红绿指示灯交替不停闪烁等，说明系统控制电路工作不正常；若开启电视机后绿色指示灯能够被点亮，但屏幕为黑屏，则应查电源输出是否正常、液晶屏驱动信号是否正常、逆变器及其开启控制是否正常、液晶屏本身是否正常等，依次排查即可找到故障部位。

（4）屏电源控制电路

图 5-12 所示为该液晶电视机的屏电源控制电路，微处理器 U800（MM502）的 ⑮ 脚为液晶屏电源控制端。

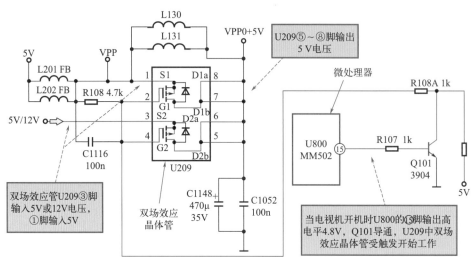

图5-12　屏电源控制电路

 提示

　　当液晶电视机背光灯亮，但出现黑屏时，通过检查该电路即可找到故障部位。一般可利用短接Q101的集电极和发射极来判断故障：若短接Q101后电视光栅正常，说明U800的⑮脚送来的屏电源开启信号不正常，或电阻器R107、Q101开路；若短接Q101后仍不正常，则接着检查U209的供电端是否正常、U209本身是否正常、液晶屏本身是否正常，即可找到故障部位。

（5）逆变器开关控制电路

　　图 5-13 所示为液晶电视机中的逆变器开关控制电路，微处理器 U800（MM502）的 ㉚ 脚为逆变器开关控制端。

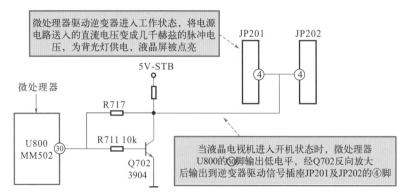

图5-13　逆变器开关控制电路

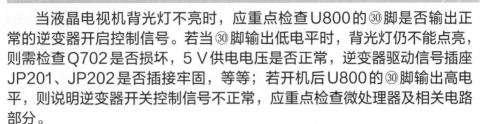

提示

当液晶电视机背光灯不亮时，应重点检查U800的⑳脚是否输出正常的逆变器开启控制信号。若当⑳脚输出低电平时，背光灯仍不能点亮，则需检查Q702是否损坏，5 V供电电压是否正常，逆变器驱动信号插座JP201、JP202是否插接牢固，等等；若开机后U800的⑳脚输出高电平，则说明逆变器开关控制信号不正常，应重点检查微处理器及相关电路部分。

第6章 液晶电视机的音频信号处理电路

6.1 音频信号处理电路的结构

音频信号处理电路是液晶电视机专门用来处理和放大音频信号的电路，是液晶电视机中不可缺少的电路之一。

6.1.1 音频信号处理电路的特点

液晶电视机中的音频信号处理电路是处理音频信号的关键电路，由中频通道输入的伴音信号和 AV 接口输入的音频信号在该电路中进行处理，处理后的音频信号送入扬声器中进行驱动发声。

图 6-1 所示为典型长虹液晶电视机的音频信号处理电路。

图6-1　典型长虹液晶电视机的音频信号处理电路

由图 6-1 可知，该液晶电视机的音频信号处理电路主要是由音频信号处理集成电路 U700（NJW1142）、音频功率放大器 UA1（TA2024C）、音频切换开关 U114（74HC4052）等部分构成的。

6.1.2 音频信号处理电路的主要组成部件

（1）音频信号处理集成电路

图 6-2 所示为音频信号处理集成电路 U700（NJW1142）的实物外形。该电路拥有全面的电视音频信号处理功能，能够进行音调、平衡、音质以及声道的切换控制，并将处理后的音频信号送入音频功率放大器中。

音频信号处理集成电路
U700（NJW1142）

集成电路表面
的型号标识

①号引脚标识

音频信号处理集成电路是
具有30个引脚的双列直插
式集成电路，它拥有全面的
电视音频信号处理功能，
能够进行音调、平衡、音
质、静音和AGC等的控制

图6-2 音频信号处理集成电路U700（NJW1142）的实物外形

相关资料

NJW1142适用于长虹LS10机芯液晶电视、LS15机芯液晶电视及PC-9机芯背投电视等各种机型，可作为音频信号处理电路使用。通过其内部功能框图可清晰地了解其功能，同时对后面分析和掌握其工作原理和信号处理流程也很有帮助。图6-3所示为音频信号处理集成电路NJW1142的内部功能框图，表6-1列出了其各引脚的具体功能。

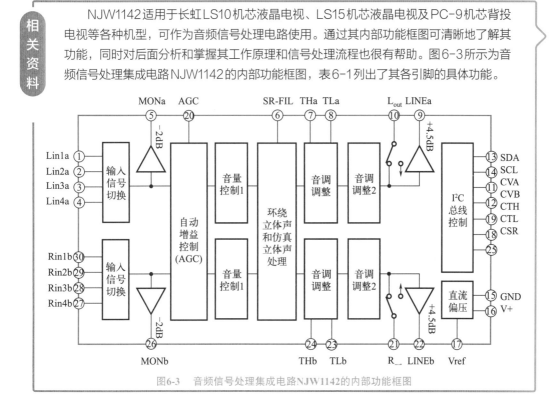

图6-3 音频信号处理集成电路NJW1142的内部功能框图

表6-1　音频信号处理集成电路NJW1142各引脚功能

引脚号	名称	引脚功能	引脚号	名称	引脚功能
①	Lin1a	音频输入1a	⑯	V+	+9 V 供电端
②	Lin2a	音频输入2a(DMP左声道)	⑰	Vref	参考电压端
③	Lin3a	音频输入3a(数字信号输出左声道)	⑱	CTL	噪声抑制端（低音）
④	Lin4a	音频输入4a	⑲	CTH	噪声抑制端（高音）
⑤	MONa	音频监控输出a	⑳	AGC	AGC 滤波
⑥	SR-FIL	环绕滤波端	㉑	R_{out}	耳机右声道信号输出
⑦	THa	左声道高音滤波端	㉒	LINEb	扬声器右声道信号输出
⑧	TLa	左声道低频滤波端	㉓	TLb	右声道低音滤波端
⑨	LINEa	扬声器左声道信号输出	㉔	THb	右声道高音滤波端
⑩	L_{out}	耳机左声道信号输出	㉕	CSR	噪声抑制（环绕控制）
⑪	CVA	噪声抑制端(左声道音量与平衡)	㉖	MONb	音频监控输出 b（AV1 右声道输出信号）
⑫	CVB	噪声抑制端(右声道音量与平衡)	㉗	Rin4b	音频输入 4b（TV 右声道）
⑬	SDA	I^2C总线数据输入	㉘	Rin3b	音频输入 3b（数字信号输出右声道）
⑭	SCL	I^2C总线时钟信号输入	㉙	Rin2b	音频输入 2b（DMP 右声道）
⑮	GND	地	㉚	Rin1b	音频输入 1b（AV1 右声道）

（2）音频功率放大器

图 6-4 所示为音频功率放大器 UA1（TA2024C）的实物外形。TA2024C 是一种双声道数字音频功率放大电路，主要是对左（L）、右（R）声道的音频信号进行功率放大和数字处理，处理后的数字信号经滤波后变成驱动扬声器的信号。

图6-4　音频功率放大器UA1（TA2024C）的实物外形

　　TA2024C在电路中一般采用12 V供电，内置过热和短路保护电路。TA2024C集成电路作为伴音功放电路，使用范围较广，主要应用于长虹LP06机芯、LP09机芯和LS10机芯系列液晶电视机中。通过其内部功能框图可清晰地了解其功能，同时对后面分析和掌握其工作原理和信号处理流程也很有帮助。图6-5所示为音频功率放大器TA2024C的内部功能框图，表6-2列出了其各引脚的具体功能。

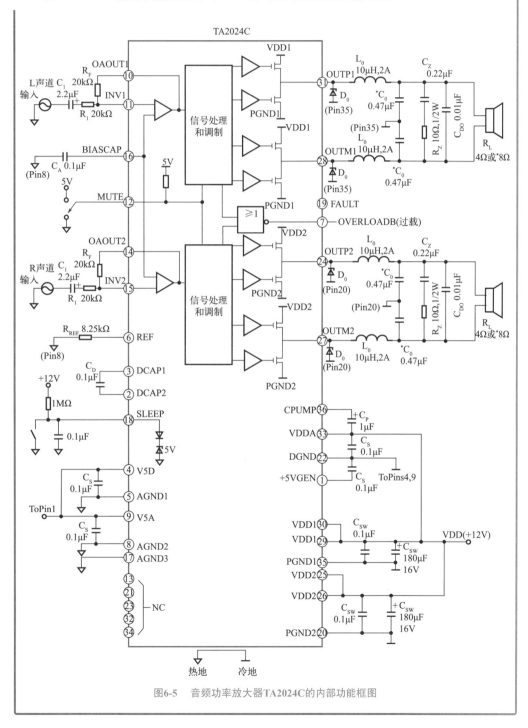

图6-5　音频功率放大器TA2024C的内部功能框图

引脚号	名称	引脚功能	引脚号	名称	引脚功能
①	+5VGEN	5 V电压调节端	⑬㉑㉓㉜㉞	NC	空脚
②③	DCAP2、DCAP1	外接电容充/放电端	⑯	BIASCAP	输入偏置电压端
④	V5D	数字直流5 V	⑱	SLEEP	睡眠控制端
⑤⑧⑰	AGND	模拟地	⑲	FAULT	过热保护输出端
⑥	REF	内部参考电压	⑳㉟	PGND	电源地
⑦	OVERLOADB	过流输出端	㉒	DGND	数字地
⑨	V5A	模拟直流5 V	㉔㉗㉘㉛	OUTP2、OUTM2 OUTM1、OUTP1	左右通道放大器输出端，为桥式信号对
⑩⑭	OAOUT1、OAOUT2	左右声道输出端	㉕㉖㉙㉚	VDD	供电端（12 V）
⑪⑮	INV1、INV2	左右声道输入端	㉝	VDDA	模拟供电端（12 V）
⑫	MUTE	静音控制输入端	㊱	CPUMP	外接电容充电端

表6-2　音频功率放大器TA2024C各引脚功能

（3）音频切换开关

图 6-6 所示为音频切换开关 U114（74HC4052）的实物外形。该电路主要用于切换音频信号。

图6-6　音频切换开关U114（74HC4052）的实物外形

音频选择开关 U114（74HC4052）

集成电路表面的型号标识

相关资料

图6-7所示为音频切换开关74HC4052的内部功能框图，通过其内部功能框图可清晰地了解其功能，同时对后面分析和掌握其工作原理和信号处理流程也很有帮助。

由图6-7可知，由外部音频设备输入的音频信号（L、R声道）分别接到①、②、④、⑤脚和⑪、⑫、⑭、⑮脚，在内部经切换后分别由③脚和⑬脚输出两声道的音频信号，并送往音频信号处理电路。切换的控制信号加到⑩、⑨、⑥脚。

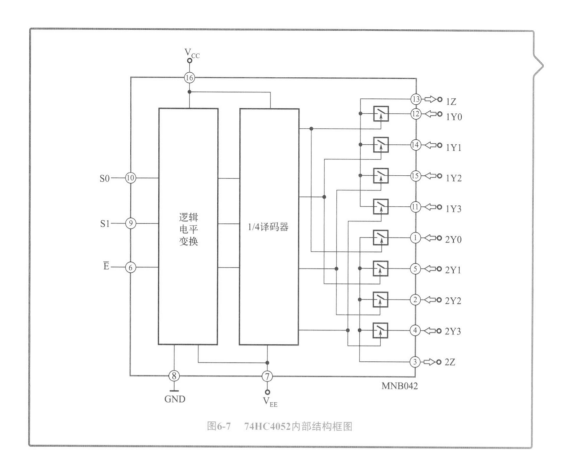

图6-7　74HC4052内部结构框图

（4）扬声器

扬声器是液晶电视机中的重要电声部件，用来将音频信号还原出声音并输出。图 6-8 为液晶电视机音频信号处理电路中的扬声器。

图6-8　液晶电视机音频信号处理电路中的扬声器

6.2 音频信号处理电路的原理

6.2.1 音频信号处理电路的工作原理

音频信号处理电路是处理音频信号的关键电路，该电路用来处理和放大音频信号。图 6-9 所示为典型液晶电视机中音频信号处理电路的流程框图。

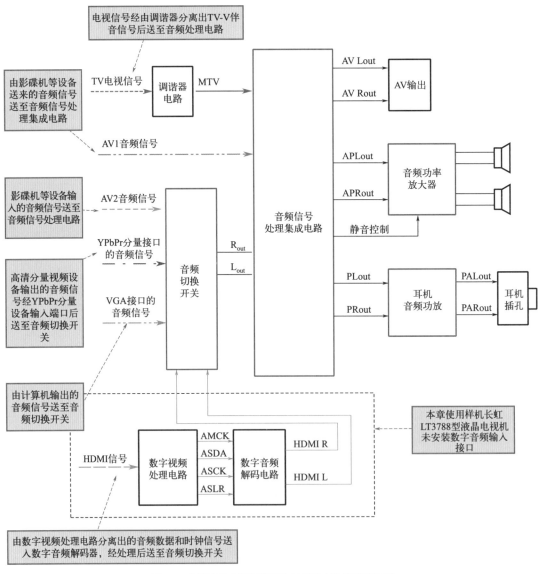

图6-9 典型液晶电视机音频信号处理电路的流程框图

由图 6-9 可知，AV2 音频信号、VGA 接口的音频信号、YPbPr 分量接口的音频信号和数字音频信号，都需要首先送入音频切换开关，经其内部选择切换后，分别输出左、右声道信号（R_{out}、L_{out}），这两个信号再送入音频信号处理电路。此后与 TV 音频信号、AV1 音频信号在音频信号处理集成电路中进行音效、音调、音量等处理后，输出音频信号，接着送入音频功率放大器中进行放大后，驱动左、右声道扬声器发声。

另外，由音频信号处理集成电路输出的左右声道信号经耳机音频功放放大后供耳机使用。此外，音频信号处理集成电路还将输出的音频信号送到液晶电视机的 AV 输出接口，作为音频输出信号。

6.2.2　音频信号处理电路的电路分析案例

音频信号处理电路的结构相对较独立和简单，下面我们仍以长虹 LT3788 型液晶电视机的音频信号处理电路为例进行介绍，并按照电路功能将其分为几个部分分别进行分析。

图 6-10 所示为典型长虹液晶电视机的音频信号处理电路关系图，由图不难了解到该电路中各主要元件的信号传输关系，对后面具体分析电路起到指导性作用，也有助于理清主要信号的工作流程。

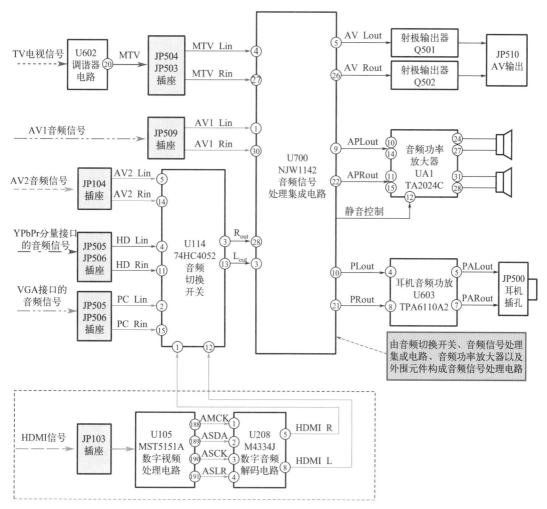

图6-10　典型长虹液晶电视机的音频信号处理电路关系图

（1）音频信号处理集成电路

音频信号处理集成电路 U700 与其外围元件构成了该液晶电视机的音频信号处理集成电路部分，如图 6-11 所示。

由调谐器输出的 MTV-Lin、MTV-Rin 信号经缓冲放大后分别由插接件送到音频信号处理集成电路 U700（NJW1142）④脚、㉚ 脚作切换备选信号。

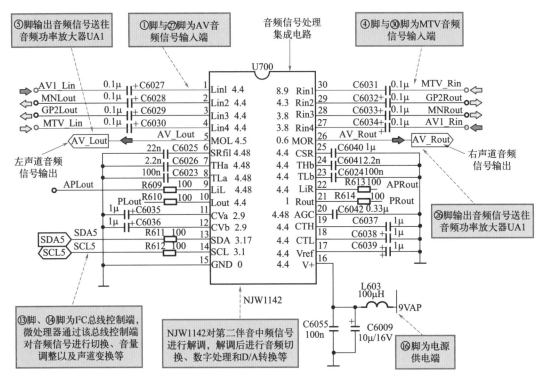

图6-11　典型长虹液晶电视机的音频信号处理集成电路U700（NJW1142）部分

由 DVD 机等设备送来的音频信号（AV1_Lin、AV1_Rin）送至音频信号处理集成电路 U700（NJW1142）的①脚、㉗ 脚。

音频信号经音频信号处理电路集成 U700（NJW1142）处理后，由⑤脚和 ㉖ 脚分别输出 AV_Lout、AV_Rout 音频信号，并送往音频功率放大器 UA1 中进行放大处理。

（2）音频功率放大器部分

音频功率放大器与其外围元件构成了该液晶电视机的音频功率放大器部分，如图 6-12 所示。

由图 6-12 可知，来自音频信号处理电路 U700 的 L-IN、R-IN 音频信号分别送到音频功率放大器 UA1（TA2024）的⑩、⑪、⑭、⑮ 脚。在芯片内部进行功率放大，放大处理后的音频信号由 @4、#1 脚输出，再经电感器、电容器等滤波后，送往插件 XP302 和 XP303 中，由 XP302 和 XP303 连接扬声器，驱动左、右扬声器发声。

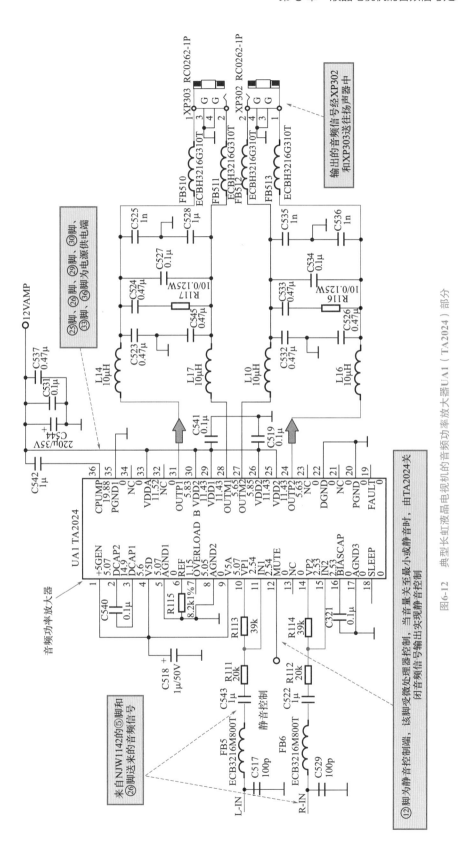

图6-12 典型长虹液晶电视机的音频功率放大器UA1（TA2024）部分

另外，在液晶电视机中应用较多的音频功率放大器除TA2024外，还有PT2330功率放大器。

PT2330为具有48个引脚的集成电路，它是一种专为音频设备设计的功率放大器。该放大器最大输出功率可达30W（R_L=3Ω，PVH=15.3V），属于D类放大器，具有效率高（>80%）、功耗低、音质好、谐波失真低（0.2%）等特点，图6-13所示为PT2330在LS10机芯部分机型中的应用电路原理图，图6-14所示为其内部结构框图。

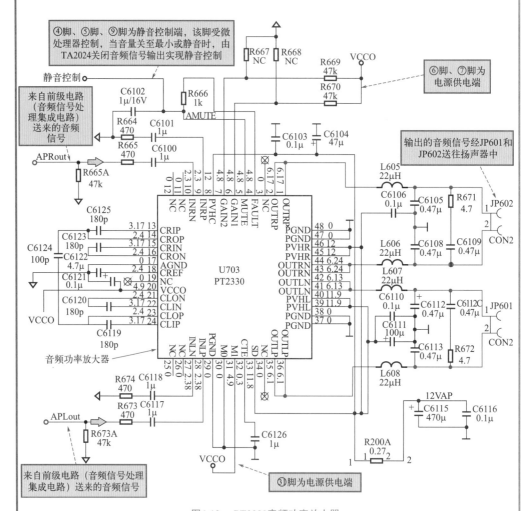

图6-13　PT2330音频功率放大器

由图6-13可知，来自前级电路（音频信号处理集成电路）的APLout、APRout音频信号分别送入到音频功率放大器U703（PT2330）的⑨、㉘脚。在芯片内部进行功率放大，放大处理后的音频信号由①、②、⑮、⑯、㊶、㊷、㊸、㊹脚输出，再经电感器、电容器等滤波后，送往插件JP601和JP602中，由JP601和JP602连接扬声器，驱动左、右扬声器发声。

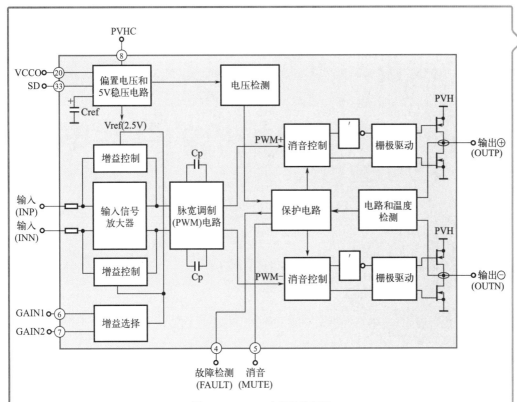

图6-14 PT2330内部结构框图

PT2330主要应用于长虹LS10机芯系列液晶电视机中，采用LQPF封装技术，内置5V调节电压、短路与过热保护及供电电压保护电路，其各引脚功能见表6-3。

表6-3 PT2330各引脚功能

引脚号	名称	引脚功能	引脚号	名称	引脚功能
①②	OUTRP	右声道输出信号（+）	⑲㉕㉖㉞	NC	空脚
③	NC	空脚	⑳	VCCO	内置5V电源
④	FAULT	故障检测	㉗	INLN	左声道输入信号（-）
⑤	MUTE	静音信号	㉘	INLP	左声道输入信号（+）
⑥	GAIN1	增益设置	㉙㉗㉘㊼㊽	PGND	电源地
⑦	GAIN2	增益设置	㉚	M0	测试脚
⑧	PVHC	供电端（12V）	㉛	M1	测试脚
⑨	INRP	右声道输入信号（+）	㉜	CTE	旁路电容
⑩	INRN	右声道输入信号（-）	㉝	SD	低功耗端
⑪⑫	NC	空脚	㉟㊱	OUTLP	左声道输出信号（+）
⑬⑮㉒㉔	CRI、CLI	振荡输入	㊴㊵	PVHL	左声道供电输入
⑭⑯㉑㉓	CLO、CRO	振荡输出	㊶㊷	OUTLN	左声道输出信号（-）
⑰	AGND	地	㊸㊹	OUTRN	右声道输出信号（+）
⑱	CREF	外接电容	㊺㊻	PVHR	右声道供电输入

第7章

液晶电视机的开关电源电路

7.1 开关电源电路的结构

开关电源电路是液晶电视机重要的组成部分，它主要为液晶电视机的各个电路提供工作电压，维持整机的正常工作。

7.1.1 开关电源电路的特点

开关电源电路的
结构组成

图 7-1 所示为典型长虹液晶电视机的开关电源电路（电源板型号为 FSP242-4F01）。该电源板中的元器件分布在电路板的正反两侧，其中分立直插式元器件位于电路板的正面，贴片式元件位于电路板的背面。

互感滤波器　　　桥式整流堆　　　　　　　　开关变压器

熔断器　　开关场效应　　滤波电容　　　光电耦合器　　开关变压器
　　　　　晶体管

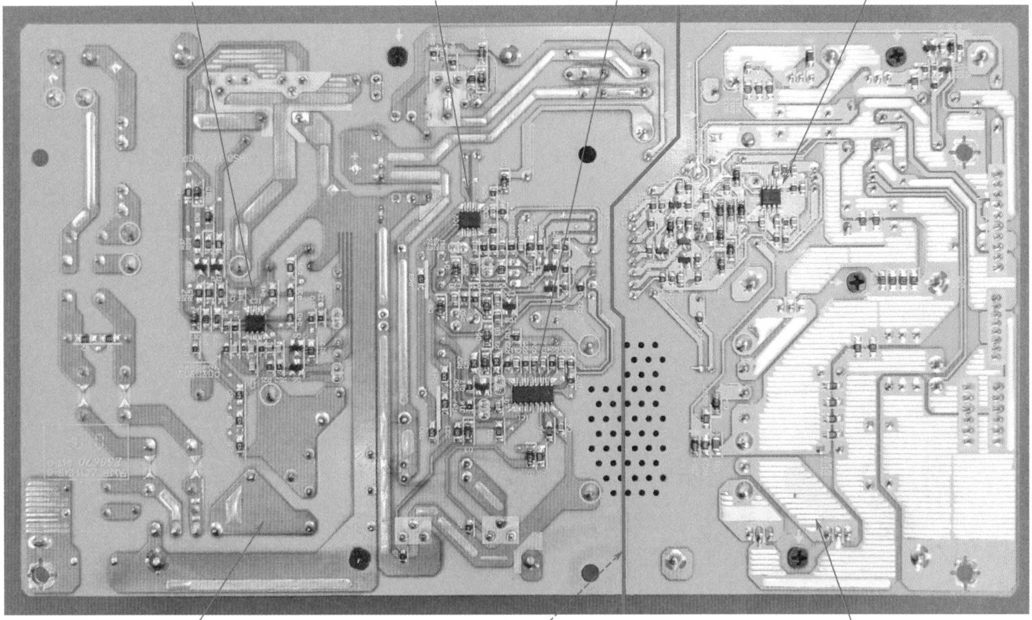

有源功率调整　　待机5V产生输出　　电源调整输出　　　　运算放大器
驱动集成块　　　　驱动集成芯片　　　驱动集成芯片

热地范围　　　　　　　　　在开关电源电路的背面可以看到　　　　冷地范围
　　　　　　　　　　　　　冷地、热地的分界线

图7-1　典型长虹液晶电视机的开关电源电路

可以看到，该开关电源电路主要由熔断器、互感滤波器、桥式整流堆、滤波电容、开关场效应晶体管、开关变压器、光电耦合器、有源功率调整驱动集成块、电源调整输出驱动集成电路、待机 5V 产生输出驱动集成电路和运算放大器等构成。

另外，该机共输出 4 路工作电压为后级电路提供工作条件，主要为：5VSB（1A）待机电压；+5V（4A）电压；+12V（3A）电压；+24V（7.5A）逆变器供电电压。

相关资料

不同品牌型号的液晶电视中，电源电路的结构也略有差异，如图 7-2 所示，该电源电路是由典型的开关稳压电源电路构成，并且与逆变器电路共同设计在一块电路板上。

开关电源电路

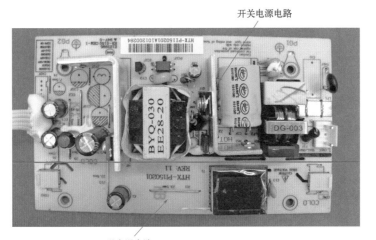

逆变器电路

图7-2　开关电源电路与逆变电路设计在一块电路板上

7.1.2 开关电源电路的主要组成部件

（1）熔断器

熔断器通常安装在交流 220V 输入端附近，如图 7-1 所示。当液晶电视机的电路发生故障或异常时，电流会不断升高，而过高的电流有可能损坏电路中的某些重要器件，甚至可能烧毁电路。熔断器会在电流异常升高到一定强度时，靠自身熔断来切断电路，从而起到保护电路安全的目的。图 7-3 所示为熔断器的实物外形。

熔断器会在电流异常升高到一定强度时，靠自身熔断来切断电路，从而起到保护电路安全的目的

熔断器

图7-3 熔断器的实物外形

（2）互感滤波器

互感滤波器是由两组线圈在铁芯上绕制而成的，其作用是通过互感原理消除外部电网干扰，同时使液晶电视机产生的脉冲信号不会反窜到电网对其他电子设备造成影响。图 7-4 所示为互感滤波器的实物外形。

互感滤波器

通过互感原理消除外部电网与液晶电视机之间的相互干扰

图7-4 互感滤波器的实物外形

（3）热敏电阻

为了提高电源设计的安全系数，通常在熔断器之后加入热敏电阻进行限流，如图7-5所示。液晶电视机中的热敏电阻属于负温度系数热敏电阻，温度越高，电阻越小。液晶电视机开机时，温度较低，可以起到较好的限流作用；当电源启动后，工作电流经过热敏电阻，使其发热，热敏电阻阻值下降，减少电力的消耗。

图7-5 热敏电阻的实物外形

（4）桥式整流堆

桥式整流堆的主要作用是将交流 220V 电压整流输出约 +300V 的直流电压，图 7-6 所示为桥式整流堆的实物外形及电路符号。

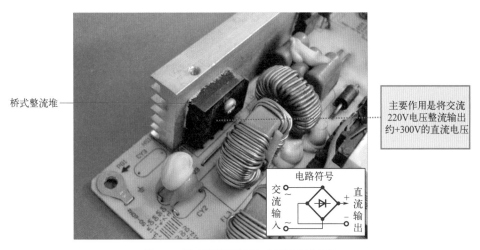

图7-6 桥式整流堆的实物外形及电路符号

图 7-7 所示为桥式整流堆的背部引脚，由其背部引脚图中的标示可以看到其引脚的极性，这也是检测时的重要依据。由图可知，桥式整流堆有四个引脚，当检测直流输出电压时，应测量两端引脚正极和负极。检测交流输入电压时，应测量中间的两个引脚。

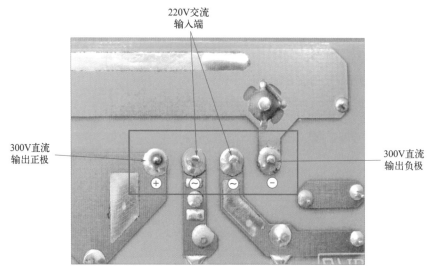

220V交流
输入端

300V直流
输出正极

300V直流
输出负极

图7-7 桥式整流堆的背部引脚

（5）滤波电容器

图 7-8 所示为滤波电容器的实物外形和背部引脚。该电容器一般体积较大，在电路板中很容易辨认。该滤波电容器的作用是将桥式整流堆等输出的直流电压进行平滑滤波，进而消除脉动分量，为开关振荡电路供电。

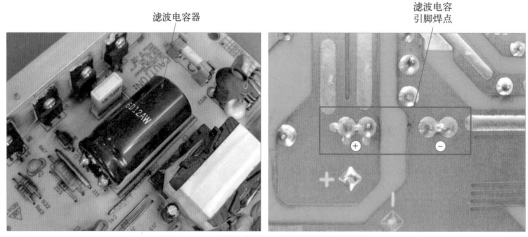

滤波电容器

滤波电容
引脚焊点

图7-8 300V滤波电容C1实物外形和背部引脚

由图可知，该电容器是一种电解电容器，电容器上标有正、负极性，如电容器外壳上标注有"−"的引脚为负极性引脚，用以连接电路的低电位。

 提示

滤波电容器在电路中用字母"C"表示。电容量的单位是"法拉"，简称"法"，用字母"F"表示。但实际中实用更多的是"微法"（用"μF"表示）、"纳法"（用"nF"表示）或"皮法"（用"pF"表示）。它们之间的换算关系是：$1F=10^{6}\mu F=10^{9}nF=10^{12}pF$。

（6）开关场效应晶体管

图 7-9 所示为开关场效应晶体管的实物外形及背部引脚，开关场效应晶体管的作用是将直流电流变成脉冲电流。该场效应晶体管工作在高反压和大电流的条件下，因而安装在散热片上。开关电源电路中开关场效应晶体管的故障率较高，检修时可重点对其进行检测。

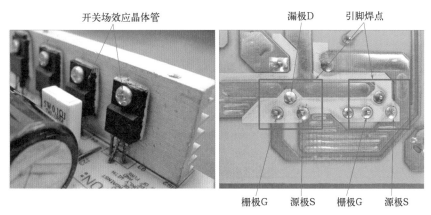

图7-9 开关场效应晶体管的实物外形及背部引脚

（7）开关变压器

图 7-10 所示为开关变压器的实物外形及背部引脚。开关变压器是一种脉冲变压器，其工作频率较高（1～50kHz），开关变压器的初级绕组与开关场效应晶体管构成振荡电路，次级与初级绕组隔离，开关变压器可将高频高压脉冲变成多组高频低压脉冲，经整流滤波后变成多组直流输出，为液晶电视机各单元电路提供工作电压。

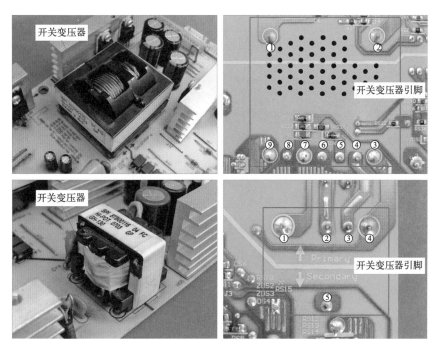

图7-10 开关变压器的实物外形及背部引脚

（8）光电耦合器

光电耦合器的主要作用是将开关电源输出电压的误差信号反馈到开关振荡集成电路上。图 7-11 所示为光电耦合器的实物外形、电路符号及背部引脚，由电路符号可知，光电耦合器是由一个光敏晶体管和一个发光二极管构成的。

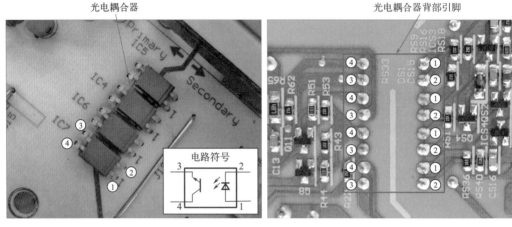

图7-11　光电耦合器的实物外形、电路符号及背部引脚

该电源板上设置了四只光电耦合器，更体现了液晶电视机中对电源电路规格及性能的严格要求。

（9）有源功率调整驱动集成块 IC3（UCC28051）

图 7-12 所示为开关电源电路中的有源功率调整驱动集成块 IC3（UCC28051）的实物外形。UCC28051 是一个开关振荡集成电路，其内部集成了脉冲振荡器和脉宽信号调制电路（PWM），脉冲信号经触发器、逻辑控制电路后，经内部的双场效应管放大后输出。该电路中设有误差放大器进行稳压控制，同时还设有过压检测和保护电路。

图7-12　有源功率调整驱动集成块UCC28051

图7-13所示为有源功率调整驱动集成块UCC28051内部结构框图。从图中可以了解到该集成块的内部结构组成和引脚功能。

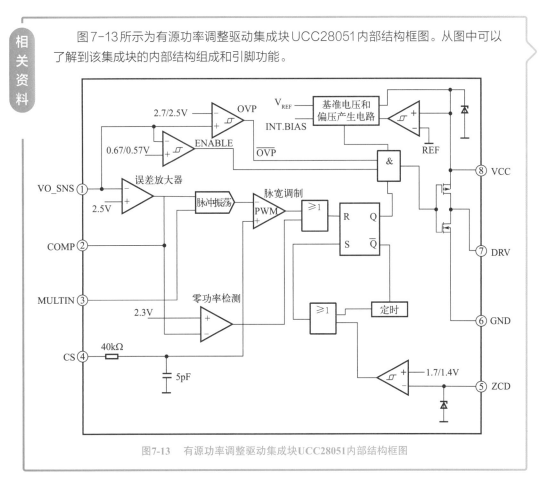

图7-13　有源功率调整驱动集成块UCC28051内部结构框图

（10）电源调整输出驱动集成电路IC1（L6598D）

图 7-14 所示为开关电源电路中的电源调整输出驱动集成电路 IC1（L6598D）的实物外形。L6598D 实际上是一个开关脉冲产生集成电路，该电路的特点是分别输出两路相位相反的开关脉冲，因而外部要设有两个场效应晶体管组成的开关脉冲输出电路，将直流电压变成可控的脉冲电压，经滤波后变成直流电压。集成电路的内部设有压控振荡器（VCO）用于产生振荡信号，经处理后形成两路脉冲输出。

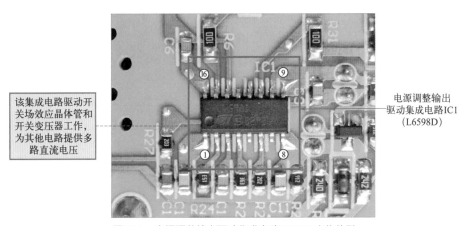

图7-14　电源调整输出驱动集成电路L6598D实物外形

图7-15所示为电源调整输出驱动集成电路L6598D内部结构框图。从图中可以了解到该集成电路的内部结构组成。表7-1所列为L6598D各引脚功能。

图7-15　电源调整输出驱动集成电路L6598D内部结构框图

表7-1　电源调整输出驱动集成电路L6598D各引脚功能

引脚号	名称	引脚功能	引脚号	名称	引脚功能
①	C_{ss}	软启动定时电容	⑨	EN2	半桥非锁定使能
②	RFSART	软启动频率设置	⑩	GND	地
③	CF	振荡频率设置	⑪	LVG	低端晶体管（外）驱动输出
④	RFMIN	最小频率设置	⑫	V_s	电源供电
⑤	OPOUT	传感器运放输出	⑬	NC	空
⑥	OPIN-	传感器运放反相输入	⑭	OUT	高端晶体管（外）驱动基准
⑦	OPIN+	传感器运放同相输入	⑮	HVG	高端晶体管（外）驱动输出
⑧	EN1	半桥锁定使能	⑯	V_{BOOT}	升压电源端

（11）待机5V产生驱动集成电路IC2（TEA1532）

图7-16所示为开关电源电路中的待机5V产生驱动集成电路IC2（TEA1532）实物外形，TEA1532是一种具有多种保护功能的开关脉冲产生电路，其⑦脚为脉冲信号输出端，⑥脚为电流检测端，④脚为控制端，③脚为保护信号输入端。

待机5V产生驱动集成电路IC2（TEA1532）

该集成电路驱动开关场效应晶体管和开关变压器工作，为液晶电视机提供5V待机电压

图7-16　待机5 V产生驱动集成电路TEA1532实物外形

提示

图7-17所示为待机5V产生驱动集成电路TEA1532内部结构框图，从图中可以了解到该集成电路的内部结构组成。表7-2所列为TEA1532各引脚功能。

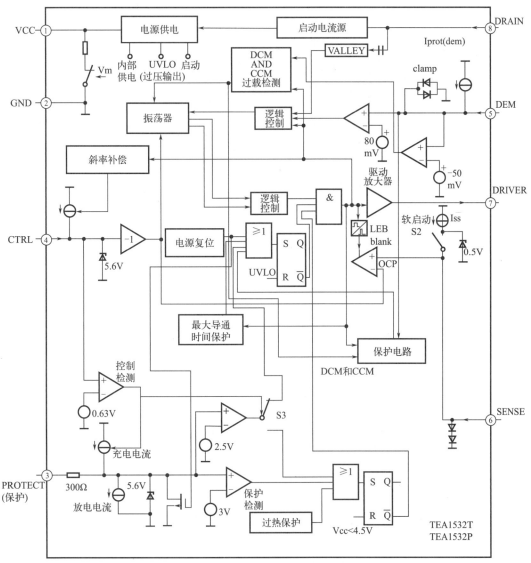

图7-17　待机5 V产生驱动集成电路TEA1532内部结构框图

表7-2　待机5V产生驱动集成电路TEA1532各引脚功能

引脚号	名称	引脚功能	引脚号	名称	引脚功能
①	VCC	电源供电	⑤	DEM	去磁
②	GND	地	⑥	SENSE	电流检测输入
③	PROTECT	保护和定时输入	⑦	DRIVER	驱动输出
④	CTRL	控制输入	⑧	DRAIN	外接场效应管漏极

（12）运算放大器 ICS1（AS358A）

图 7-18 所示为电源电路中的运算放大器 ICS1（AS358A）的实物外形，它是一种双运放 8 引脚的运算放大器，主要用于各路保护检测。

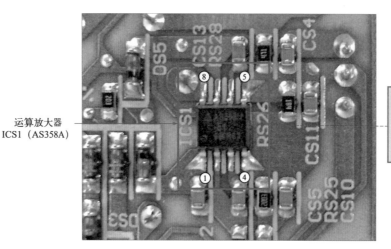

运算放大器
ICS1（AS358A）

对次级整流滤波电路输出的电压进行检测，当电压异常时，输出保护信号送到前级电路中

图7-18　运算放大器AS358A的实物外形

相关资料

图7-19所示为运算放大器中单运放的电路结构。

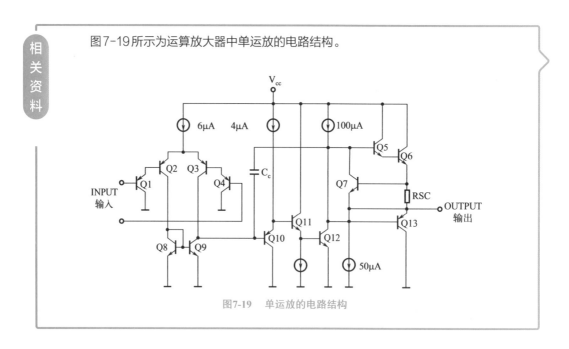

图7-19　单运放的电路结构

7.2　开关电源电路的原理

开关电源电路主要是将交流 220V 电压经整流、滤波、降压和稳压后输出一路或多路低压直流电压，为液晶电视机其他功能电路提供所需的工作电压。

7.2.1　开关电源电路的工作原理

图 7-20 所示为液晶电视机中开关电源电路的工作流程框图。当接通电源后，交流 220V 输入电压经交流输入电路滤除干扰，并由整流滤波电路整流滤波后输出约 300V 的直流电压，然后再经有源功率调整电路（PFC）形成 380V 电压分别送入主、副开关电源电路中。

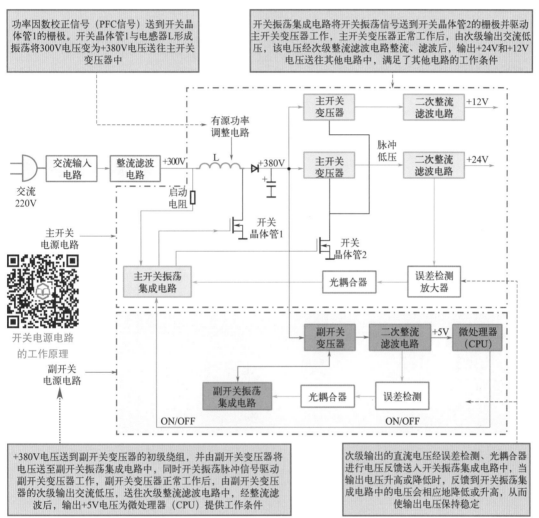

功率因数校正信号（PFC信号）送到开关晶体管1的栅极。开关晶体管1与电感器L形成振荡将300V电压变为+380V电压送往主开关变压器中

开关振荡集成电路将开关振荡信号送到开关晶体管2的栅极并驱动主开关变压器工作，主开关变压器正常工作后，由次级输出交流低压，该电压经次级整流滤波电路整流、滤波后，输出+24V和+12V电压送往其他电路中，满足了其他电路的工作条件

+380V电压送到副开关变压器的初级绕组，并由副开关变压器将电压送至副开关振荡集成电路中，同时开关振荡脉冲信号驱动副开关变压器工作，副开关变压器正常工作后，由副开关变压器的次级输出交流低压，送往次级整流滤波电路中，经整流滤波后，输出+5V电压为微处理器（CPU）提供工作条件

次级输出的直流电压经误差检测、光耦合器进行电压反馈送入开关振荡集成电路中，当输出电压升高或降低时，反馈到开关振荡集成电路中的电压会相应地降低或升高，从而使输出电压保持稳定

图7-20　液晶电视机中开关电源电路的工作流程框图

7.2.2　开关电源电路的电路分析案例

液晶电视机的开关电源可按其电路功能划分为如下几个电路单元：有源功率调整电路、开关振荡电路、次级整流滤波输出电路和 5 V 稳压电路。

（1）有源功率调整电路

图 7-21 所示为典型长虹液晶电视机开关电源电路中的有源功率调整电路部分。该电路的

主要功能是输出 380V 直流电压。交流 220V 电压经互感滤波器 FL1、FL2 和滤波电容 CY1、CY2 滤除杂波和干扰后，由桥式整流堆 BD1 整流输出约 308V 的直流电压，308V 直流经 L1、C3、C4 滤波后分成三路输出。第一路输出送往 +5V 稳压电路中；第二路经整流二极管 DM 直接送到 PFC 输出端，与 PFC 输出电压叠加；第三路经电感器（L2）和开关电路（Q3、Q4、IC3）、整流二极管 D7 输出 PFC 电压。IC3 是开关脉冲信号产生电路，①脚为启动端，+308V 直流电压经启动电阻为①脚提供启动电压，使 IC3 内的振荡电路工作，⑦脚输出脉冲信号，经 Q13、Q10 组成的互补输出电路放大后去驱动双场效应晶体管 Q3、Q4，与电感器 L2 形成开关振荡状态，开关脉冲经 D7 整流后由 C1 滤波，再与第二路整流输出的直流电压叠加形成约 380V 电压输出。

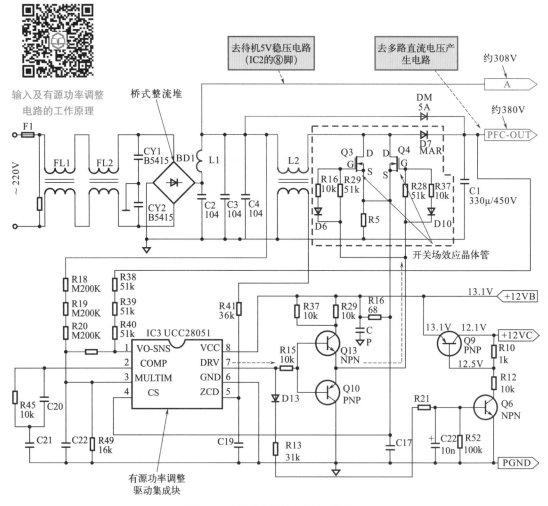

图7-21　有源功率调整电路的工作原理

（2）开关振荡电路

图 7-22 所示为典型长虹液晶电视机开关电源电路中的开关振荡电路部分，该电路主要是由电源调整输出驱动集成电路 IC1（L6598）、开关场效应晶体管 Q1 和 Q2、开关变压器 T1 以及次级整流滤波电路构成的。+12V 电压加到 IC1 的⑫脚，IC1 内的振荡电路工作，⑪脚和⑮脚输出相位相反的开关脉冲分别去驱动 Q1、Q2 使之交替导通 / 截止。Q1、Q2 的输出信号加

到开关变压器 T1 的初级绕组（TA）上，开关变压器的次级有多组线圈，分别经整流、滤波后输出多路直流电压。

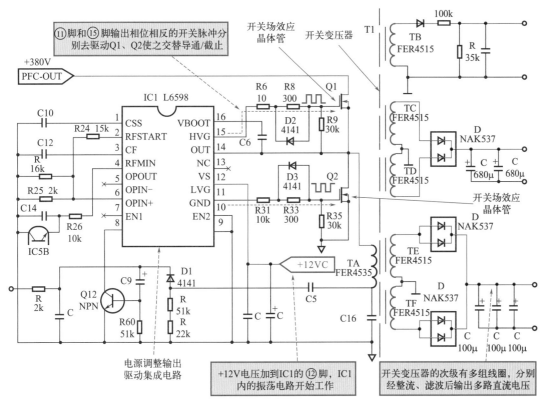

图7-22　开关振荡电路的工作原理

开关振荡电路
的工作原理

（3）次级整流滤波输出电路

图 7-23 所示为典型长虹液晶电视机开关电源电路中的整流滤波输出电路部分，该电路主要是由整流和滤波电路组成，其中 D2 ～ D4 为双二极管，在输出端设有过流检测电路。运算放大器 ICS1B 对 12 V 供电电路的电流进行检测，运算放大器 ICS1A 对 24 V 供电电路的电流进行检测，若电流异常，运算放大器便会输出保护信号。

（4）5V 稳压电路

图 7-24 为典型长虹液晶电视机开关电源电路中的 5V 稳压电路部分，该电路中 IC2 是待机 5V 产生驱动集成电路，Q5 为开关场效应晶体管，T2 是开关变压器。IC2 ①脚为电源供电端，⑦脚输出开关脉冲，并去驱动开关场效应晶体管 Q5 的栅极，来自交流输入电路的 PFC 电压（380V）加到开关变压器 T2 初级绕组的①脚、②脚，初级绕组接开关场效应晶体管漏极 D，308V 电压送入 IC2 的⑧脚，IC2 开始工作，开关变压器 T2 的③ - ④绕组为正反馈绕组，反馈电压整流后加到 IC2 的①脚，用以维持 IC2 的工作。开关变压器 T2 次级⑤ - ⑥经整流滤波后输出 +5V 电压为液晶电视机的主电路板供电。

图中 IC4（A、B）为过热检测光耦，IC6（A、B）为开机 / 待机控制光耦，IC7（A、B）为 +5V 稳压控制光耦。

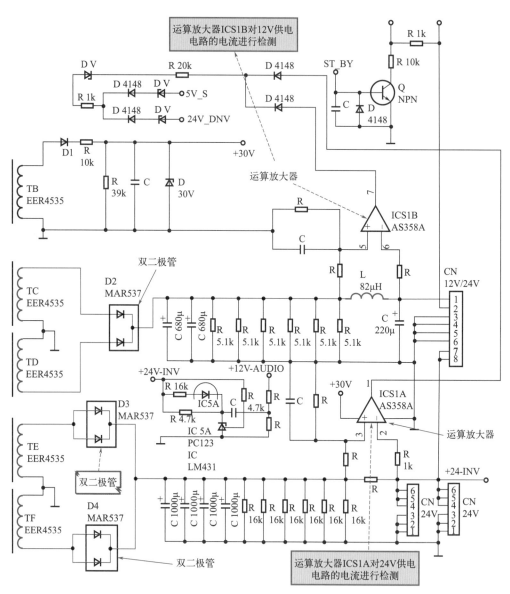

图7-23　次级整流滤波输出电路的工作原理

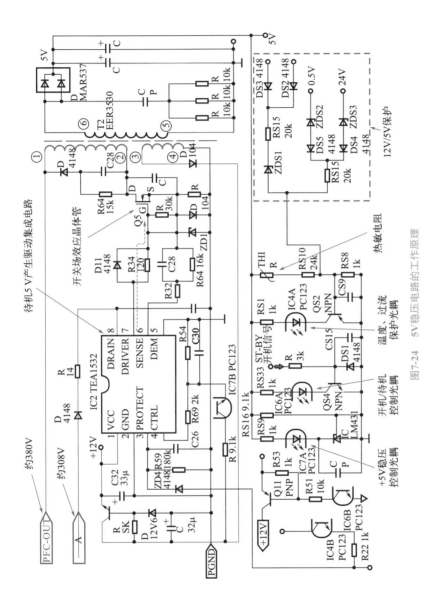

图7-24　5V稳压电路的工作原理

第8章 液晶电视机的接口电路

8.1 接口电路的结构

8.1.1 接口电路的特点

接口电路是液晶电视机中最基本的电路之一，它主要用于将液晶电视机与各种外部设备或信号进行连接，是一个以实现数据或信号的接收和发送为目的的电路单元。

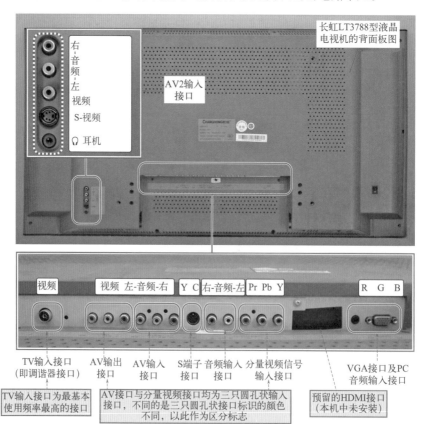

图8-1 典型液晶电视机中的输入、输出接口

接口电路实际上是由各种输入、输出接口及相关外围电路等构成的数据传输电路。由于不同品牌液晶电视机的具体功能或配置不同，所设计接口的数量和种类也不同。

接口电路一般安装于液晶电视机的背部，各输入、输出接口通过液晶电视机机壳上预留的缺口处露出，方便连接，如图8-1所示。

可以看到，液晶电视机中的输入、输出接口较多，主要包括TV输入接口（调谐器接口）、AV输入接口、AV输出接口、S端子接口、分量视频信号输入接口、VGA接口等，有些还设有DVI（或HDMI）数字高清接口。

拆开液晶电视机外壳即可看到，液晶电视机各接口直接焊接在内部电路板上，与接口相关的外围电路则安装在电路板上靠近接口的位置上，如图8-2所示。

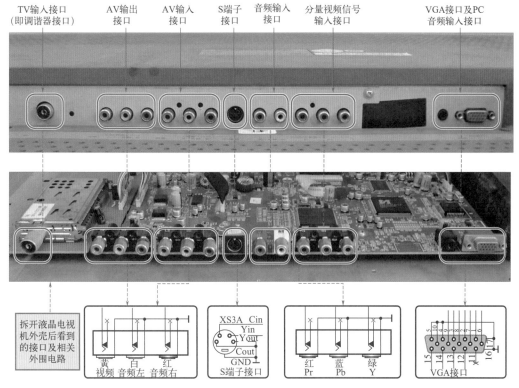

图8-2　典型液晶电视机的接口电路部分

8.1.2　接口电路的主要组成部件

不同类型的接口电路，可传送或输出的信号类型有所不同，可连接的外部设备也有所区别。

（1）TV输入接口

TV输入接口也称为RF射频输入接口，是电视机中出现最早的信号输入接口。由电视天线所接收的信号及有线电视信号均通过该接口送入电视机中，图8-3所示为典型液晶电视机背部的TV输入接口。

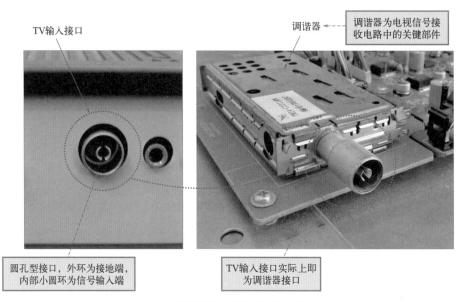

TV输入接口

调谐器 ◀ 调谐器为电视信号接收电路中的关键部件

圆孔型接口，外环为接地端，内部小圆环为信号输入端

TV输入接口实际上即为调谐器接口

图8-3　典型液晶电视机的TV输入接口

（2）AV 输入、输出接口

AV 输入、输出接口是实现普通模拟音频和视频信号输入或输出的接口，是每台电视必备的接口之一，用于与影碟机等视频设备连接。

其中，AV 输入接口一般有三个输入端，分别为音频接口（白色与红色为左右声道输入端）和视频接口（黄色输入端）；AV 输出接口与之相同，只是信号方向为输出，如图 8-4 所示。

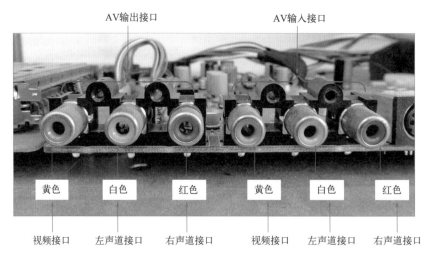

AV输出接口　　　　　　　　AV输入接口

黄色　　白色　　红色　　黄色　　白色　　红色

视频接口　左声道接口　右声道接口　视频接口　左声道接口　右声道接口

图8-4　典型液晶电视机的AV输入、输出接口与相应的连接插头

当使用液晶电视机的AV输入、输出接口与DVD影碟机连接时，通过AV信号线与外部设备相连，连接时信号线三根插头的颜色分别对应接口颜色即可，如图8-5所示。

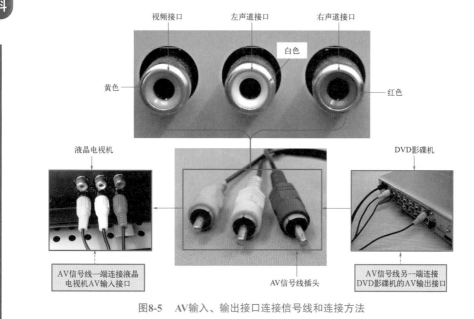

图8-5 AV输入、输出接口连接信号线和连接方法

提示

AV输入或输出接口电路中的视频图像信号是将亮度与色度复合的视频图像信号，所以需要借助液晶电视机中的视频图像信号处理通道（数字信号处理电路）进行亮度和色度分离，再进行解码、图像处理和图像显示。亮度和色度信号的分离不完整，会影响图像的清晰度。

（3）S端子接口

S端子接口是一种视频的专业标准接口，与音频无关，也是一种电视机中比较常见的连接端子。液晶电视机可以通过S端子接口与带有该接口的 DVD、PS2、XBOX、NGC 等视频和游戏设备进行相互连接，图 8-6 所示为典型液晶电视机的 S端子接口。

提示

S端子接口全称是Separate Video。它将亮度和色度分离输出。与AV接口相比较，S端子在信号传输方面不再将色度与亮度混合输出，而是分离进行信号传输，在很大程度上避免了视频设备内信号串扰而产生的图像失真，能够有效地提高画质的清晰度。

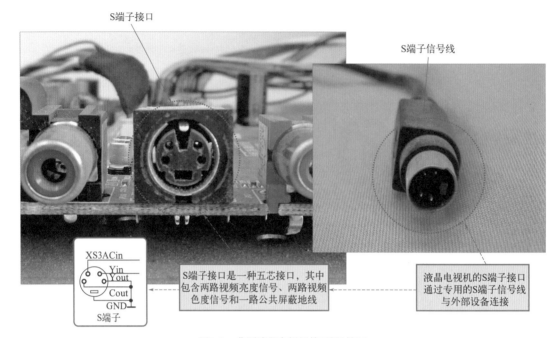

S端子接口

S端子信号线

XS3ACin
Yin
Yout
Cout
GND
S端子

S端子接口是一种五芯接口，其中包含两路视频亮度信号、两路视频色度信号和一路公共屏蔽地线

液晶电视机的S端子接口通过专用的S端子信号线与外部设备连接

图8-6　典型液晶电视机的S端子接口

（4）分量视频信号接口

液晶电视机的分量视频信号接口用于为液晶电视机输入高清视频图像信号，也称其为色差分量接口，该接口用三个通道进行传输，即亮度信号（Y）、Pr/Cr 色差信号（R-Y）和 Pb/Cb 色差信号（B-Y）。

液晶电视机通过分量视频接口可与带有该接口的 DVD、PS2、XBOX、NGC 等视频和游戏设备进行连接，其画质较 S 端子输入方式要好。图 8-7 所示为典型液晶电视机的分量视频信号接口实物外形。

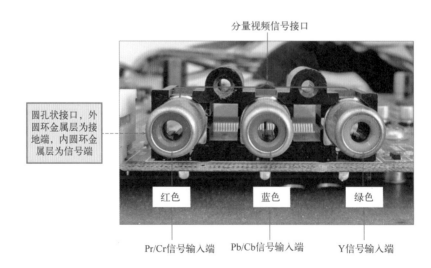

分量视频信号接口

圆孔状接口，外圆环金属层为接地端，内圆环金属层为信号端

红色　　　　蓝色　　　　绿色

Pr/Cr信号输入端　　Pb/Cb信号输入端　　Y信号输入端

图8-7　典型液晶电视机的分量视频信号接口

提示

分量视频信号接口外形与AV接口基本相同，只是颜色上有所区分：

AV接口三个信号通道颜色分别为黄色、白色、红色，对应视频信号输入端、左声道音频信号输入端、右声道音频信号输入端；分量视频信号接口三个信号通道颜色分别为红色、蓝色、绿色，分别对应Pr/Cr信号输入端、Pb/Cb信号输入端和Y信号输入端。

相关资料

电视信号的扫描和显示分为逐行和隔行显示，一般来说分量接口上面都会有几个字母来表示逐行和隔行的。用YCbCr表示的是隔行，用YPbPr表示的则是逐行。如果电视只有YCbCr分量端子的话，则说明电视不支持逐行分量，而用YPbPr分量端子的话，则说明支持逐行和隔行两种分量。

在彩色电视机中通常用YUV来表示其视频中的亮度和色度信号，其中"Y"代表亮度，"U"和"V"代表色度（也可用"C"表示），描述信号的图像色调及饱和度，分别用Cr和Cb表示。其中，Cr反映了红色部分与亮度值之间的差值，而Cb反映的是蓝色部分与亮度值之间的差值，即所谓的色差信号，也就是我们常说的分量信号（Y、R-Y、B-Y）。

（5）VGA接口及PC音频输入接口

目前，很多液晶电视机也可以作为电脑显示器使用，由此通常设有可以与计算机主机直接连接的VGA接口及PC音频输入接口，图8-8所示为典型液晶电视机中的VGA接口及PC音频输入接口实物外形。

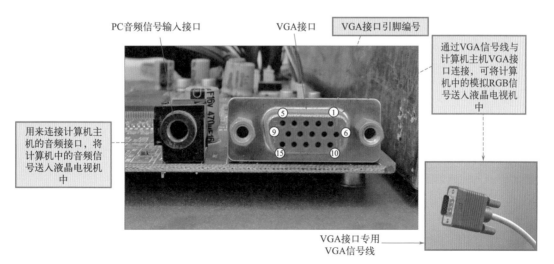

图8-8　典型液晶电视机的**VAG接口及PC音频输入接口**

VGA接口又称D-Sub接口，是一种用于传输模拟视频信号的接口，它是一种D型接口，多用于连接电脑主机。该接口共有15个引脚，各引脚功能见表8-1。

表8-1　VGA接口各引脚功能

引脚	功能	引脚	功能
① R	视频-红色	⑨ DDV+5V	供电端
② G	视频-绿色	⑩ GND	接地
③ B	视频-蓝色	⑪ GND	接地
④ NC	空脚	⑫ SDA	I²C 总线数据
⑤ GND	接地	⑬ HS	行同步信号
⑥ R GND	红-接地	⑭ VS	场同步信号
⑦ G GND	绿-接地	⑮ SCL	I²C 总线时钟
⑧ B GND	蓝-接地		

（6）HDMI 接口

HDMI 即高清晰度多媒体接口（High Definition Multimedia Interface），是一种全数字化视频和音频传送接口，可以传送无压缩的数字音频信号及视频信号，图 8-9 所示为典型液晶电视机中的 HDMI 接口及其各引脚排列。

图8-9　典型液晶电视机的**HDMI**接口及其各引脚排列

液晶电视机中的 HDMI 接口一般可用于与带有 HDMI 接口的数字机顶盒、DVD 播放机、计算机、电视游戏机、数码音响等设备进行连接。

HDMI可以同时传送音频和视频信号，且音频和视频信号采用同一条电缆即可进行传输。HDMI不仅可以满足目前画质1080P的分辨率，还支持DVD Audio等先进的数字音频格式，支持八声道96kHz或立体声192kHz数码音频传送。

在HDMI之前，很多液晶电视机或液晶显示器中采用DVI接口传输数字信号。HDMI在引脚上和DVI（一种典型的数字视频接口）兼容，只是采用了不同的封装。与DVI接口相比，HDMI可以传输数字音频信号。HDMI接口引脚端子定义及其与DVI接口端子的对应关系见表8-2。

表8-2 HDMI接口引脚端子定义及其与DVI接口端子的对应关系

HDMI接口引脚	DVI接口引脚	引脚名称	HDMI接口引脚	DVI接口引脚	引脚名称
H1	D2	TMDS DATA2+	H11	D22	TMDS DATA CLOCK 屏蔽
H2	D3	TMDS DATA2屏蔽	H12	D24	TMDS DATA CLOCK-
H3	D1	TMDS DATA2-	H13		CEC
H4	D10	TMDS DATA1+	H14		Reserved（保留）
H5	D11	TMDS DATA1屏蔽	H15	D6	SCL（DDC 时钟线）
H6	D9	TMDS DATA1-	H16	D7	SDA（DDC 数据线）
H7	D18	TMDS DATA0+	H17	D15	DDC/CEC GND
H8	D19	TMDS DATA0屏蔽	H18	D14	+5 V 电源线
H9	D17	TMDS DATA0-	H19	D16	热插拔检测
H10	D23	TMDS DATA CLOCK+			

上述六种接口电路均属于液晶电视机的外部接口电路。在液晶电视机内部，电路与电路之间通常也通过接口进行关联，如逆变器电路与系统控制电路之间的连接接口、液晶显示屏驱动接口、开关电源电路的电压输出接口、扬声器连接接口等，这些接口称为液晶电视机的内部接口电路，相关功能特点和结构原理在介绍相应功能电路时进行介绍，这里不再重复。

8.2 接口电路的原理

8.2.1 接口电路的工作原理

接口电路主要的工作是完成液晶电视机与所连接设备之间的信号传输，即实现数据或信号的接收和发送。

不同接口构成的接口电路中，所传送信号或数据的类型不同，因此，具体工作时，信号传输的具体过程也有所区别。图 8-10 所示为典型液晶电视机接口电路的流程框图。

从图 8-10 中可以看到，由不同接口送入和输出的信号，经各自的接口电路后，送入相同或不同的处理芯片中，但不论如何传输或处理，最终都是输出液晶显示屏的驱动信号和扬声器的驱动信号，可谓"殊途同归"，最终实现图像显示和声音播放的功能。

8.2.2 接口电路的电路分析案例

由于不同接口电路的信号处理过程有所差异，下面我们以典型液晶电视机的各种接口电路为例，一一分析各种接口电路的信号流程。

需要注意的是，TV 输入接口电路即为以调谐器接口为核心的电路部分，该部分在第 3 章中已详细介绍，这里不再重复。

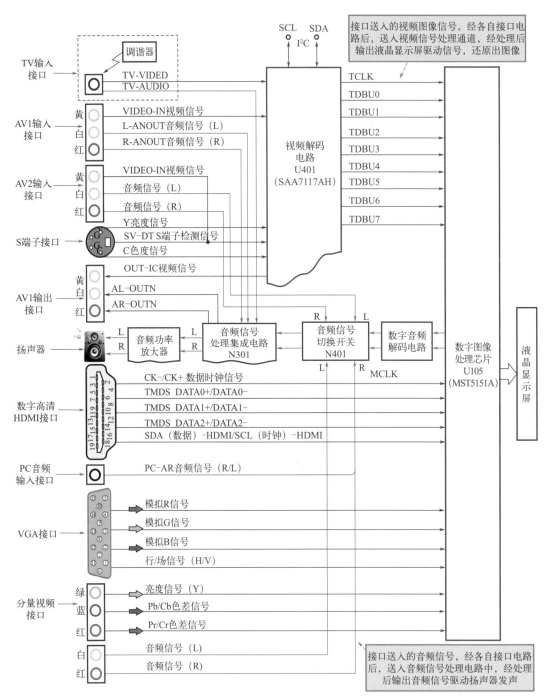

图8-10　典型液晶电视机接口电路的流程框图

（1）AV 输入接口电路

AV 输入接口是液晶电视机中比较常用的一种接口，主要是用来接收由影碟机等设备送来的 AV 音视频信号。图 8-11 所示为典型液晶电视机中的 AV 输入接口电路原理图。

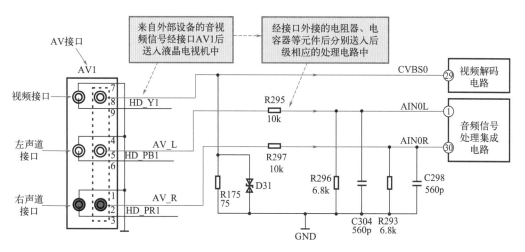

图8-11　典型液晶电视机的AV输入接口电路原理图

（2）S端子接口电路

图 8-12 所示为典型液晶电视机的 S 端子接口电路原理图，由 S 端子送来的亮度和色度信号直接送入后级电路中。

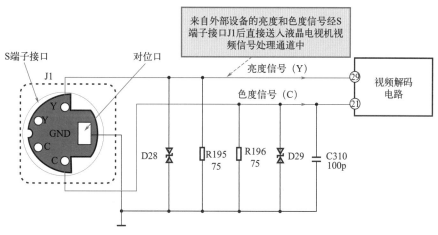

图8-12　典型液晶电视机的S端子接口电路原理图

（3）分量视频信号接口电路

图 8-13 所示为分量视频信号接口电路原理图，该电路主要是由分量视频接口和接口外接元件构成的。

从 JP101 输入的 Y 信号经电容器 C1067 与 R121 组成的 RC 滤波电路后分为两路，一路通过电容 C1094 耦合到 MST5151A 的 ㉒ 脚进行视频信号处理，另一路通过电容 C1082 耦合到 MST5151A 的 ㉓ 脚进行视频信号处理。

从 JP101 输入的 Pb 信号经电容 C1066 与 R120 组成的 RC 滤波电路后通过电容 C1080 耦合到 MST5151A 的 ⑳ 脚进行视频信号处理。

从 JP101 输入的 Pr 信号经电容 C1068 与 R122 组成的 RC 滤波电路后通过电容 C1084 耦合到 MST5151A 的 ㉕ 脚进行视频信号处理。

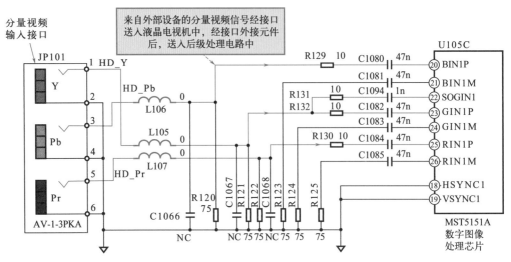

图8-13 分量视频信号接口电路原理图

（4）VGA 接口及 PC 音频信号输入接口电路

图 8-14 所示为 VGA 接口及 PC 音频信号输入接口电路原理图，该电路主要是由 VGA 接口、PC 音频信号输入接口及接口外接元件构成的。

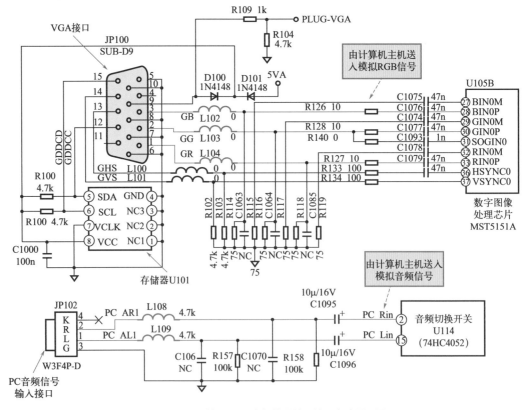

图8-14 VGA接口及PC音频信号输入接口电路原理图

由 VGA 接口 JP100 送来的模拟视频信号（GR、GG、GB）分别经电感器和 RC 滤波电路后，再通过电容器耦合到 MST5151A 的 ㉘ 脚、㉚ 脚和 ㉛ 脚、㉝ 脚。

VGA 接口输出的行、场同步信号分别送入 MST5151A 的 ㊱ 脚和 ㊲ 脚。

PC 音频信号输入接口将送入的音频信号分为左、右声道信号，经电感器、电容器后送入后级音频切换开关中。

 提示

存储器U101（24LC32A）存储的是液晶电视机显示器件硬件配置信息。当计算机主机VGA接口与液晶电视相连时，主机通过总线GDDCC、GDDCD直接与U101的⑤、⑥脚接通，从该存储器中读取液晶电视机显示器件的配置信息。

（5）HDMI 接口电路

图 8-15 所示为典型液晶电视机的 HDMI 接口电路原理图。该接口主要是将外部高清设备送来音视频信号送入电视机中。

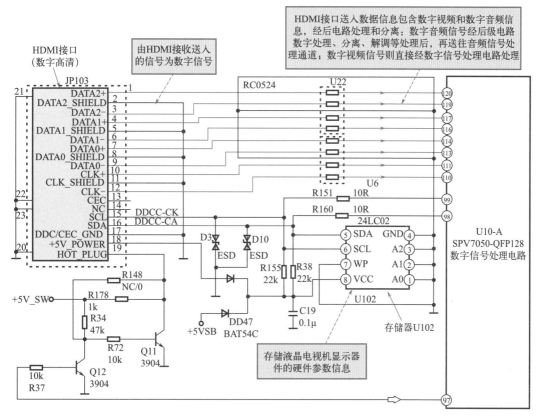

图8-15　数字高清接口电路原理图

该电路中，HDMI 接口的①～⑨脚和⑩、⑫脚分别为视频数据信号和数据时钟信号端，该信号经排电阻器后送入后级数字信号处理电路 U10-A 中进行处理。HDMI 接口的⑮、⑯脚

分别为 I^2C 总线时钟和数据信号端，受微处理器的控制。

 提示

存储器U102（24LC02）存储的也是液晶电视机显示器件硬件参数信息。当计算机主机通过JP103接口与液晶电视相连时，总线DDCC-CA、DDCD-CK直接与U102的⑤、⑥脚接通，主机从该存储器中读取液晶电视机显示器件的配置信息。

第**9**章 液晶电视机的逆变器电路

9.1 逆变器电路的结构

9.1.1 逆变器电路的特点

液晶电视机中的液晶屏面板本身不能发光，通常采用一种冷阴极荧光灯管作为其光源。这种灯管正常工作，通常需要几百至几千伏的脉冲电压，而这种电压通常是由液晶电视机的逆变器电路提供的。

打开液晶电视机的外壳，在电视机左右两侧有两个结构相同的装在屏蔽罩内的逆变器电路。图9-1为典型液晶电视机的逆变器电路板。该逆变器电路板主要由脉宽调制信号产生集成电路、场效应晶体管、升压变压器、背光灯接口等构成。

逆变器电路的
结构组成

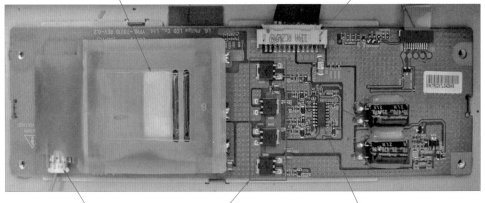

图9-1　典型液晶电视机逆变器电路板

当电视机进入开机状态瞬间，微处理器输出的逆变器开关控制信号以及开关电源输出的供电电压，经接口送入逆变器电路使其进入工作状态，将24V直流电压变成几百至几千伏的脉冲电压，为背光灯管供电。

不同品牌型号的液晶电视中，逆变器电路的结构外形也略有差异，如图9-2所示，该逆变器电路上有6个升压变压器，为背光灯管供电。

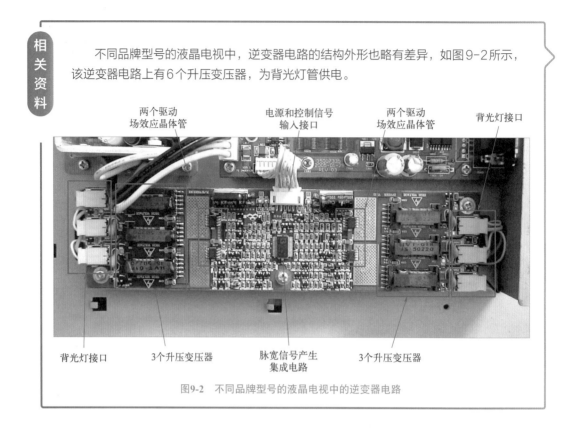

图9-2　不同品牌型号的液晶电视中的逆变器电路

9.1.2　逆变器电路的主要组成部件

（1）脉宽调制信号产生集成电路

脉宽调制信号产生集成电路的主要作用是产生脉宽调制驱动信号，该信号经场效应管进行放大后，去驱动升压变压器产生背光灯所需的高压，图9-3所示为脉宽调制信号产生集成电路IC1（OZ9982）的实物外形。

图9-3　脉宽调制信号产生集成电路的实物外形

相关资料

脉宽调制信号产生集成电路OZ9982的引脚功能参见表9-1。

表9-1 脉宽调制信号产生集成电路OZ9982的引脚功能

引脚	名称	功能	引脚	名称	功能
①	VDDP1	电源供电输入	⑨	BST2	第2驱动补偿
②	GNDP1	接地	⑩	LX2	输出2参考点
③	LDR1	低边驱动输出1	⑪	HDR2	高边驱动输出2
④	NC	空	⑫	PWM2	激励脉冲输入2
⑤	NC	空	⑬	PWM1	激励脉冲输入1
⑥	LDR2	低边驱动输出2	⑭	HDR1	高边驱动输出1
⑦	GNDP2	接地	⑮	LX1	输出1参考点
⑧	VDDP2	电源供电输入	⑯	BST1	第1驱动补偿

（2）场效应晶体管

图9-4所示为场效应晶体管的实物外形，它的主要作用是将脉宽调制驱动信号进行放大，然后输出放大后的信号，驱动升压变压器工作。

场效应晶体管可对脉宽调制驱动信号进行放大

场效应晶体管

图9-4 场效应晶体管的实物外形

相关资料

某些逆变器电路中，采用了8个引脚的驱动集成电路对脉宽调制驱动信号进行放大处理，该驱动集成电路实际上是将两个场效应晶体管集成在一起构成的，其功能与单独使用场效应晶体管的电路相同，如图9-5所示。

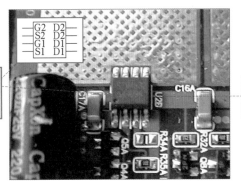

从引脚名称也可以看出，其内部集成有两个场效应晶体管

由两只场效应晶体管构成的驱动集成电路

图9-5 两个场效应晶体管构成的驱动集成电路

（3）升压变压器

升压变压器在脉宽调制驱动信号的驱动下，将 24V 直流电压进行升压，从而达到背光灯所需要的电压，图 9-6 所示为逆变器电路中升压变压器的实物外形。

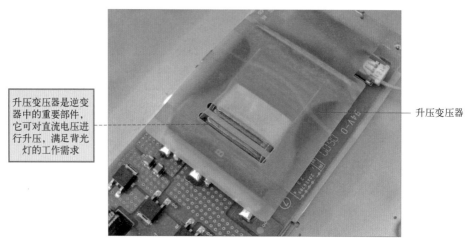

升压变压器是逆变器中的重要部件，它可对直流电压进行升压，满足背光灯的工作需求

升压变压器

图9-6　升压变压器的实物外形

 提示

不同逆变器电路的升压变压器外形会有所不同，其主要作用基本相同，都对电压起到提升作用。

（4）背光灯接口

背光灯与逆变器电路板是通过背光灯接口进行连接的，图 9-7 所示为背光灯接口的实物外形。

升压变压器输出的高压经背光灯接口送入到背光灯中

背光灯接口

图9-7　背光灯接口的实物外形

9.2 逆变器电路的原理

9.2.1 逆变器电路的工作原理

图 9-8 所示为典型逆变器电路的工作原理方框图。由图可知,液晶电视机开机瞬间,微处理器输出开机控制信号,使逆变器电路进入工作状态,同时电源供电电路为逆变器电路供电。脉宽调制信号产生集成电路开始工作,输出的 PWM 驱动信号经驱动场效应晶体管放大后,送至升压变压器,为升压变压器提供驱动脉冲,升压变压器输出交流高压,经背光灯接口为背光灯管供电。

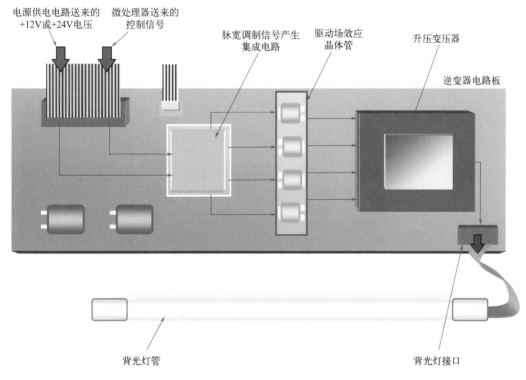

图9-8 典型逆变器电路的工作原理方框图

逆变器电路的信号流程比较简单,分析信号流程时,可首先理出 12V(或 24V)供电电压的输送线路。然后根据集成电路的引脚功能找到输出信号的引脚,再根据信号走向逐级进行分析,从而了解逆变器电路的工作原理。

9.2.2 逆变器电路的电路分析案例

图 9-9 所示为典型康佳液晶电视机逆变器电路的工作原理。

+12V 直流电压经接插件 CN1 的①脚和②脚送入到逆变器电路中,该电压经熔断器 FU1 加到驱动场效应晶体管 U2A、U3A、U2B、U3B(4600)的③脚,为驱动场效应晶体管供电。

微处理器送来的开机控制信号经电阻器 Rb1 加到晶体管 Q1 基极使之导通，再经电阻器 Rb2 使晶体管 Q2 也导通，供电电压经电阻器 R14、晶体管 Q2、电阻器 R4 送入脉宽信号产生集成电路 U1 的 ㉔ 脚，为该集成电路供电。

微处理器送来的亮度控制信号经接插件 CN1 的 ④ 脚送入脉宽信号产生集成电路 U1 的 ㉒ 脚，控制背光灯管的亮度。

脉宽信号产生集成电路 U1（BIT3106A）的 ⑬ ～ ⑱ 脚输出的 PWM 驱动信号送往驱动场效应晶体管进行放大。

U1 的 ⑰ 脚、⑱ 脚、⑭ 脚、⑬ 脚输出的 PWM 驱动信号分别送至场效应晶体管 U2A、U3A、U2B、U3B（4600）的 ④ 脚，U1 的 ⑯ 脚输出的 PWM 驱动信号分别送至驱动场效应晶体管 U3A 和 U3B（4600）的 ② 脚，U1 的 ⑮ 脚输出的 PWM 驱动信号分别送至驱动场效应晶体管 U2A 和 U2B（4600）的 ② 脚。PWM 驱动信号经驱动场效应晶体管 U2A、U3A、U2B、U3B 放大后，送至升压变压器。

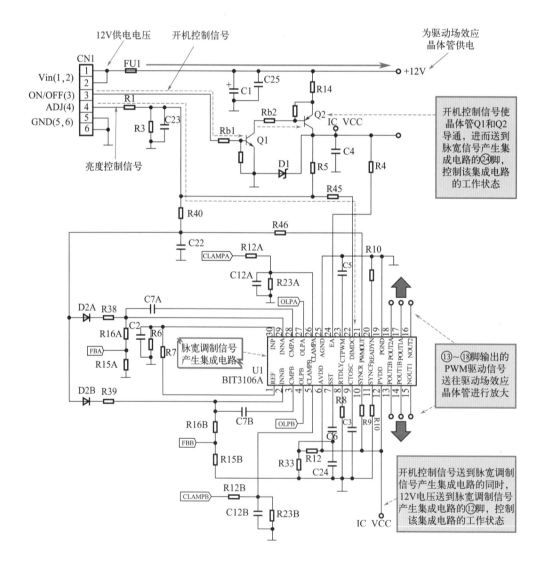

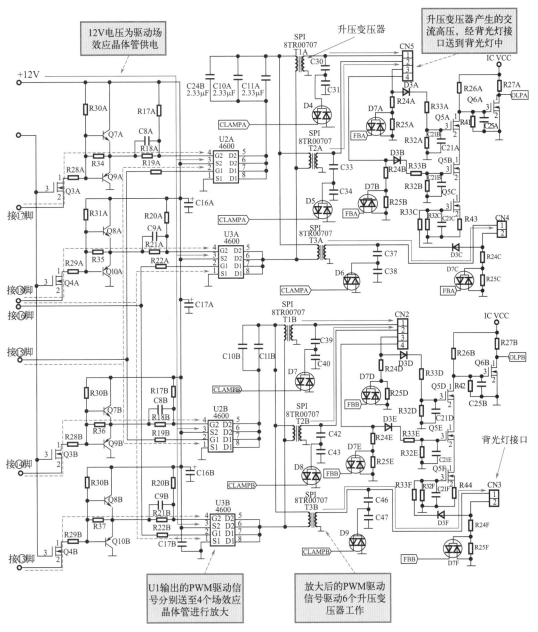

图9-9 典型康佳液晶电视机逆变器电路工作原理

经驱动场效应晶体管 U2A 和 U3A 放大后的 PWM 驱动信号送至升压变压器 T1A ～ T3A 的初级绕组。经驱动场效应晶体管 U2B 和 U3B 放大后的 PWM 驱动信号送至升压变压器 T1B ～ T3B 的初级绕组。由升压变压器 T1A ～ T3A 和 T1B ～ T3B 产生约 900V 的交流高压，经背光灯接口 CN2 ～ CN5 为背光灯管供电。

相关资料

脉宽调制信号产生集成电路BIT3106的引脚功能参见表9-2。

表9-2　脉宽调制信号产生集成电路 **BIT3106** 的引脚功能

引脚	名称	功能	引脚	名称	功能
①	REF	基准电压输出	⑯	NOUT2	AB 信道第 2 场效应管驱动端
②	INNB	B通道误差放大器反相输入端	⑰	POUT1A	A 信道第 1 场效应管驱动端
③	CMPB	B通道误差放大器输出端	⑱	POUT2A	A 信道第 2 场效应管驱动端
④	OLPB	B通道灯电流检测输入端	⑲	PGND	地
⑤	CLAMPB	B通道过压钳位信号输出端	⑳	READYN	接下拉电阻
⑥	AVDD	电源端（模拟）	21	PWMOUT	PWM 信号输出端
⑦	SST	外接电容端	22	DIMDC	PWM 信号控制端（亮度控制）
⑧	RTDLY	外接电阻端	23	CTPWM	外接电容段
⑨	CTOSC	外接电容端（时间常数）	24	EA	开机 / 待机控制端
⑩	SYNCR	外接同步电阻	25	AGND	地
⑪	SYNCF	外接同步电阻到地（频率和相位同步）	26	CLAMPA	A 通道过压钳位信号输出端
⑫	PVDD	电源供电端	27	OLPA	A 通道灯电流检测输入端
⑬	POUT2B	B信道第2场效应管驱动端	28	CMPA	A 通道误差放大器输出端
⑭	POUT1B	B信道第1场效应管驱动端	29	INNA	A 通道误差放大器反相输入端
⑮	NOUT1	AB信道第1场效应管驱动端	30	INP	A 通道误差放大器同相输入端

第**10**章 液晶电视机常用检修工具和仪表

10.1 万用表的使用方法

10.1.1 指针万用表的使用

（1）指针万用表的结构特点

指针万用表又称作模拟万用表，这种万用表在测量时，通过表盘下面的功能旋钮设置不同的测量项目和挡位，并通过表盘指针指示的方式直接在表盘上显示测量的结果，其最大的特点就是能够直观地检测出电流、电压等参数的变化过程和变化方向。

图 10-1 为典型指针万用表的外形结构。指针万用表根据外形结构的不同，可分为单旋钮指针万用表和双旋钮指针万用表。

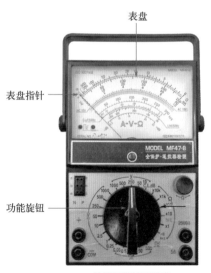

单旋钮指针万用表

双旋钮指针万用表

图10-1　典型指针万用表的外形结构

指针万用表的功能有很多，在检测中主要是通过调节功能旋钮来实现不同功能的切换，因此在使用指针万用表检测家电产品前，应先熟悉指针万用表的键钮分布以及各个键钮的功能，如图 10-2 所示。

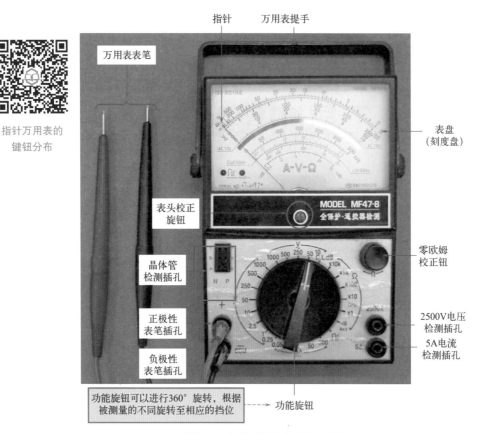

图10-2　典型指针万用表的键钮分布

由图 10-2 可知，指针万用表主要有表头校正旋钮、功能旋钮、零欧姆校正钮、晶体管检测插孔、表笔插孔、表笔等。

（2）指针万用表的使用方法

使用万用表进行检修测量时，首先将万用表的两根表笔分别插入万用表相应的表笔插孔中。操作示意如图 10-3 所示。

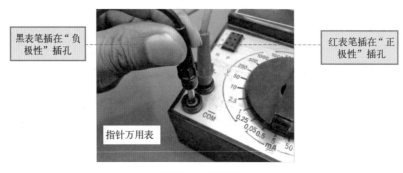

图10-3　连接表笔

提示

通常，根据习惯，红色表笔插接在"正极性"表笔插孔中，测量时接高电位；黑色表笔插接在"负极性"表笔插孔中，测量时接低电位。

表笔插接好后要根据测量需求（测量对象）选择测量项目，调整测量方位（量程调整），如图 10-4 所示。对万用表测量项目及量程的选择调整是通过万用表上的功能旋钮实现的。

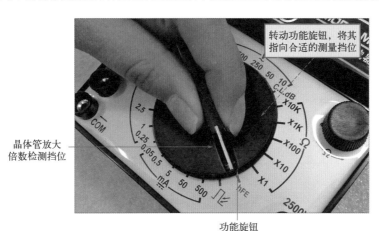

图10-4　调整万用表的量程

量程设置完毕，即可将万用表的表笔分别接触待测电路（或元器件）的测量端，根据表盘指示，读取测量结果，如图 10-5 所示。

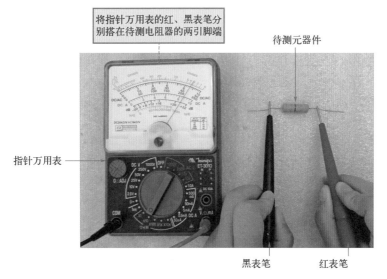

图10-5　将表笔分别接触待测元器件的测量端

（3）指针万用表测量结果的读取方法

如图 10-6 所示，指针万用表的表盘上分布有多条刻度线，这些刻度线是以同心的弧线方式排列的，每一条刻度线上还标示出了许多刻度值。

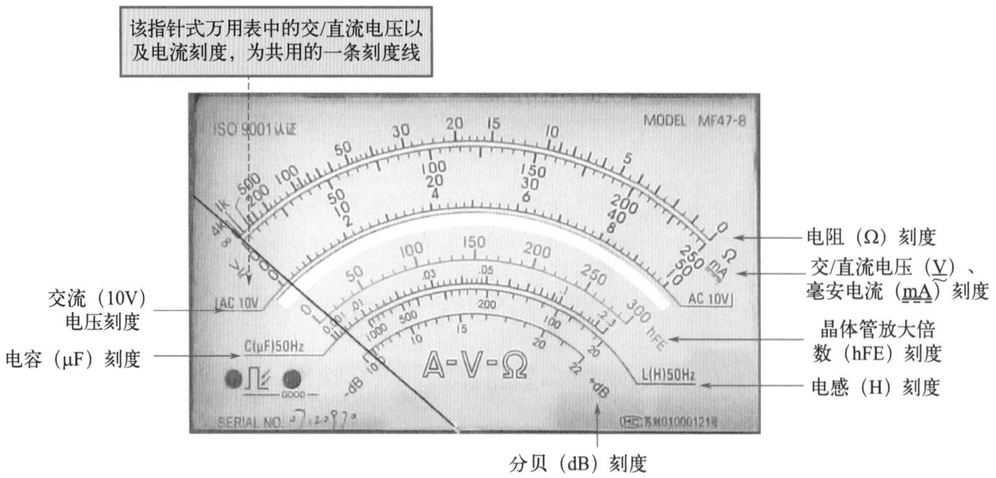

图10-6 指针式万用表的刻度盘

◆电阻（Ω）刻度：电阻刻度位于表盘的最上面，在它的右侧标有"Ω"标识，仔细观察，不难发现电阻刻度呈指数分布，从右到左，由疏到密。刻度值最右侧为0，最左侧为无穷大。

◆交/直流电压（V）和毫安电流（mA）刻度：交直流电压、毫安电流刻度位于刻度盘的第二条线，在其右侧标识有"mA"，左侧标识有"V"，表示这两条线是测量交/直流电压和直流电流时所要读取的刻度，它的0位在线的左侧，在这条刻度盘的下方有两排刻度值与它的刻度相对应。

◆交流（AC 10V）电压刻度：交流电压刻度位于表盘的第三条线，在刻度线的两侧标识为"AC 10V"，表示这条线是测量交流电压时所要读取刻度，它的0位在线的左侧。

◆晶体管放大倍数（hFE）刻度：晶体管刻度位于刻度盘的第四条线，在右侧标有"hFE"，其0位在刻度盘的左侧。

◆电容（μF）刻度：电容刻度位于刻度盘的第五条线，在该刻度的左侧标有"C（μF）50Hz"的标识，表示检测电容时，需要在使用50Hz交流信号的条件下进行，方可通过该刻度盘进行读数。其中"（μF）"表示电容的单位为μF。

◆电感（H）刻度：电感刻度位于刻度盘的第六条线，在右侧标有"L（H）50Hz"的标识，表示检测检测电感时，需要在使用50Hz交流信号的条件下进行，方可通过该刻度盘进行读数。其中"（H）"表示电感的单位为H。

◆分贝刻度：分贝刻度是位于表盘最下面的第七条线，在该刻度线的两侧分别标有"-dB"和"+dB"，刻度线两端的"10"和"22"表示其量程范围为"-10 ~ +22dB"，主要用于测量放大器的增益或衰减值。

　　读取指针万用表的测量结果，主要是根据指针万用表的指示位置，结合当前测量的量程设置在万用表表盘上找到对应的刻度线，然后按量程换算刻度线的刻度值，最终读取出指针所指向刻度值的实际结果。

　　① 电阻值测量结果的读取　如果在测量电阻时，我们选择的是"×10"欧姆挡，若指针

指向图中所示的位置（10），如图 10-7 所示。读取电阻值时，由倍数关系可知，所测得的电阻值为：$10 \times 10\Omega = 100\Omega$。

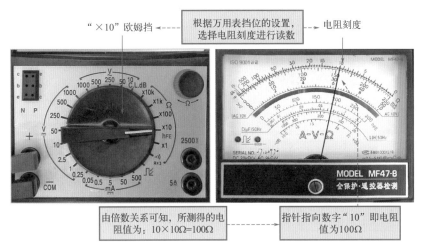

图10-7　选择"×10"欧姆挡时的读数方法

若将量程调至"×100"欧姆挡时，指针指向 10 的位置上，如图 10-8 所示。读取电阻值时，由倍数关系可知，所测得的电阻值为：$10 \times 100\Omega = 1000\Omega$。

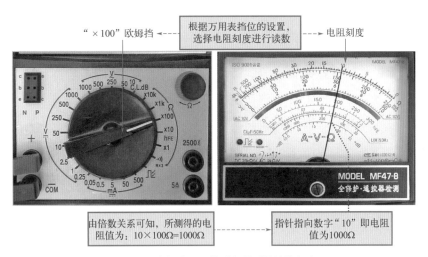

图10-8　选择"×100"欧姆挡时的读数方法

② 直流电流测量结果的读取　指针万用表直流电流的量程一般可以分为 0.05mA、0.5mA、5mA、50mA、500mA 等，在使用指针万用表进行直流电流的检测时，由于电流的刻度盘只有一列"0～10"，因此无论使用哪一挡，检测时都应进行换算，即使用指针的位置 ×（量程的位置 /10）。

例如，选择"直流 0.05mA"电流挡进行检测时，若指针指向图 10-9 所示的位置，则所测得的电流值为 0.034mA。

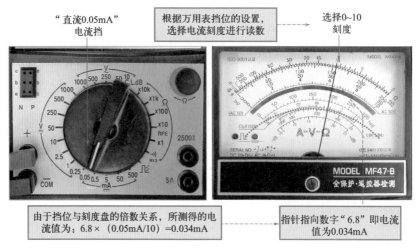

"直流0.05mA"
电流挡

根据万用表挡位的设置，
选择电流刻度进行读数

选择0~10
刻度

由于挡位与刻度盘的倍数关系，所测得的电
流值为：6.8×（0.05mA/10）=0.034mA

指针指向数字"6.8"即电流
值为0.034mA

图10-9 选择"直流0.05 mA"电流挡进行检测时的读数方法

若测量数据超过万用表的最大量程，就需要选用更大量程的万用表进行测量。例如，测量的电流大于500mA，需要使用"直流10A"电流挡进行检测。将万用表的红表笔插到"DC 10A"的位置上，如图10-10所示，通过刻度盘上0～10的刻度线，可直接读出为6.8A。

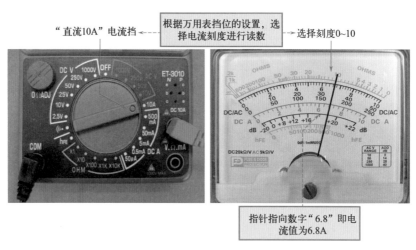

"直流10A"电流挡

根据万用表挡位的设置，选
择电流刻度进行读数

选择刻度0~10

指针指向数字"6.8"即电
流值为6.8A

图10-10 选择"直流10 A"电流挡进行检测时的读数方法

③ 直流电压测量结果的读取 在选择"直流10V""直流50V""直流250V"电压挡进行检测时，均可以通过指针和相应的刻度盘位置直接进行读数，并不需要进行换算，而使用"直流0.25V"、"直流2.5V""直流1000V"等电压挡进行检测时，则需要根据刻度线的位置进行相应的换算。

例如，若选择"直流2.5V"电压挡进行检测时，指针指向图10-11所示的位置上，读取电压值时，选择0～250刻度进行读数，由于挡位与刻度的倍数关系，所测得的电压值为：175×（2.5V/250）=1.75V。

选择"直流10 V"电压挡进行检测时，若指针指向图10-12所示的位置上，读取电压值时，选择0～10刻度进行读数，可读出电压值为7V。

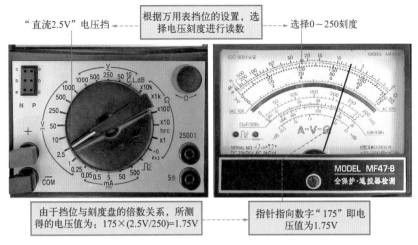

图10-11　选择"直流2.5 V"电压挡进行检测时的读数方法

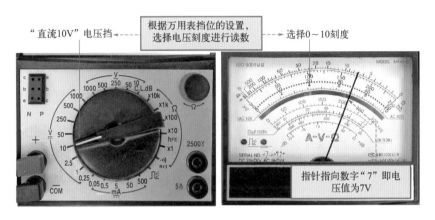

图10-12　选择"直流10V"电压挡进行检测时的读数方法

10.1.2　数字万用表的使用

（1）数字万用表的结构特点

数字万用表又称作数字多用表，它采用先进的数字显示技术。测量时，通过液晶显示屏下面的功能旋钮设置不同的测量项目和挡位，并通过液晶显示屏直接将所测量的电压、电流、电阻等测量结果显示出来，其最大的特点就是显示清晰直观、读取准确，既保证了读数的客观性，又符合人们的读数习惯。

图 10-13 所示为典型数字万用表的外形结构。数字万用表根据量程转换方式的不同，可分为手动量程选择式数字万用表和自动量程变换式数字万用表。

数字万用表的功能有很多，在检测中主要是通过调节不同的功能挡位来实现的，因此在使用数字万用表检测家电产品前，应先熟悉万用表的键钮分布以及各个键钮的功能。图 10-14所示为典型数字万用表的键钮分布。

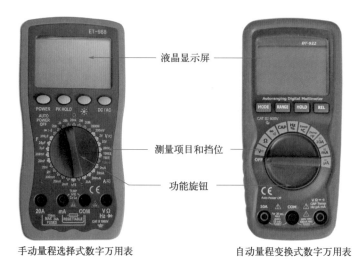

手动量程选择式数字万用表　　　　　　自动量程变换式数字万用表

图10-13　典型数字万用表的外形结构

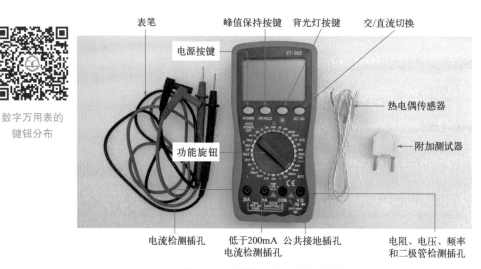

图10-14　典型数字万用表的键钮分布

（2）数字万用表的使用方法

使用万用表进行检修测量时，首先将万用表的两根表笔分别插入万用表相应的表笔插孔中。操作示意如图 10-15 所示。

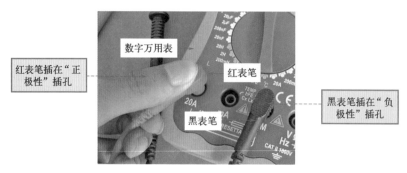

图10-15　连接表笔

提示

通常，根据习惯，红色表笔插接在"正极性"表笔插孔中，测量时接高电位；黑色表笔插接在"负极性"表笔插孔中，测量时接低电位。

表笔插接好后要根据测量需求（测量对象）选择测量项目，调整测量方位（量程调整），如图 10-16 所示。对万用表测量项目及量程的选择调整是通过万用表上的功能旋钮实现的。

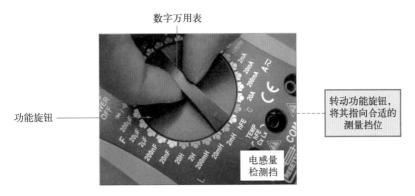

数字万用表

功能旋钮

转动功能旋钮，将其指向合适的测量挡位

电感量检测挡

图10-16　调整万用表的量程

量程设置完毕，即可将万用表的表笔分别接触待测电路（或元器件）的测量端，便可根据表盘指示，读取测量结果，如图 10-17 所示。

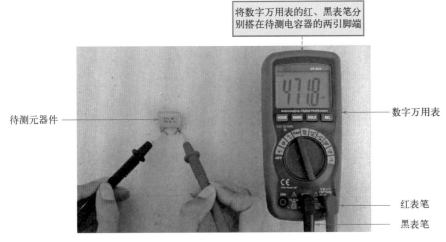

将数字万用表的红、黑表笔分别搭在待测电容器的两引脚端

待测元器件

数字万用表

红表笔

黑表笔

图10-17　将表笔分别接触待测元器件的测量端

（3）数字万用表测量结果的读取方法

数字万用表的测量结果主要以数字的形式直接显示在数字万用表的显示屏上。读取时，结合显示数值周围的字符及标识即可直接识读测量结果，图 10-18 所示为典型数字万用表的液晶显示屏。

① 电容测量结果的读取　数字万用表通常有 2nF、200nF、100μF 等电容挡位，可以检测100μF 以下的电容是否正常。

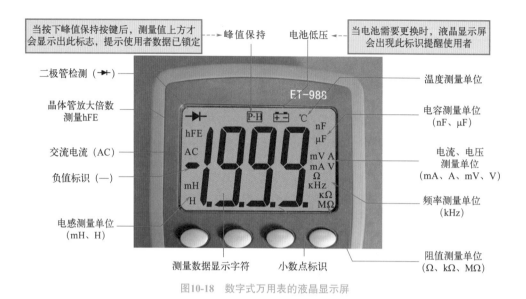

当按下峰值保持按键后，测量值上方才会显示出此标志，提示使用者数据已锁定 → 峰值保持　电池低压 ← 当电池需要更换时，液晶显示屏会出现此标识提醒使用者

二极管检测（ ）

晶体管放大倍数测量hFE

交流电流（AC）

负值标识（—）

电感测量单位（mH、H）

温度测量单位

电容测量单位（nF、μF）

电流、电压测量单位（mA、A、mV、V）

频率测量单位（kHz）

阻值测量单位（Ω、kΩ、MΩ）

测量数据显示字符　　小数点标识

图10-18　数字式万用表的液晶显示屏

使用数字万用表测量电容，其数据的读取为直接读取，图10-19所示为测量电容数据的读取，分别为0.018nF和2.9μF。

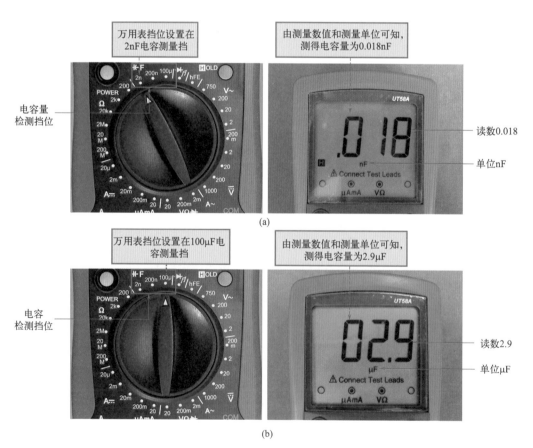

万用表挡位设置在2nF电容测量挡

电容量检测挡位

由测量数值和测量单位可知，测得电容量为0.018nF

读数0.018

单位nF

(a)

万用表挡位设置在100μF电容测量挡

电容检测挡位

由测量数值和测量单位可知，测得电容量为2.9μF

读数2.9

单位μF

(b)

图10-19　数字万用表测量电容数据的读取

② 交流电流测量结果的读取　数字万用表通常包括 2mA、200mA 以及 20A 等交流电流挡位，可以用来检测 20A 以下的交流电流值。将数字万用表调至交流电流挡时，液晶显示屏上会显示出交流标识。

使用数字万用表检测交流电流值时，需要将数字万用表调至交流电流测量挡"A~"，其数据的读取为直接读取，液晶显示屏显示在检测功能标识处有交流"AC"标识，如图 10-20 所示，读取的数值为交流 7.01A。

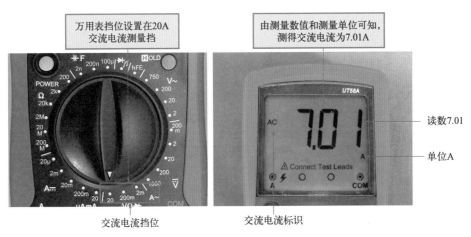

图10-20　数字万用表测量交流电流数据的读取

③ 交流电压测量结果的读取　数字万用表一般包括 2V、20V、200V 以及 750V 等交流电压挡位，可以用来检测 750 V 以下的交流电压。

使用数字万用表测量交流电压值，其数据的读取为直接读取，液晶显示屏显示在检测功能标识处有交流"AC"标识，如图 10-21 所示，读取的数值为交流 21.2V。

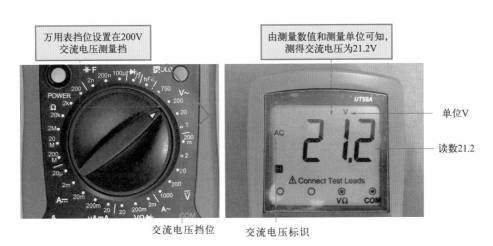

图10-21　数字万用表测量交流电压数据的读取

10.2 示波器的使用方法

10.2.1 模拟示波器的使用

模拟示波器是一种采用模拟电路作为基础的示波器，显示波形的部件为 CRT 显像管（示波管），是一种比较常用的能够实时观测波形的示波器。

（1）模拟示波器的结构特点

图 10-22 为模拟示波器的外形结构。由图可知，模拟示波器主要由显示部分、键控区域、测试线及探头、外壳等构成。

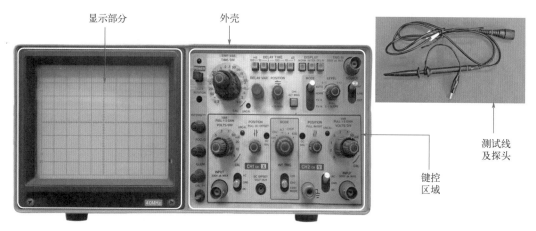

图10-22　模拟示波器的外形结构

① 显示部分　示波器的显示部分主要由显示屏、CRT 护罩和刻度盘组成，如图 10-23 所示。

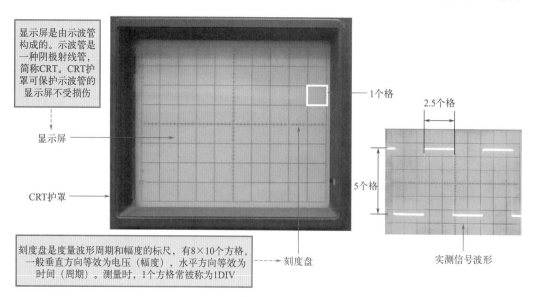

图10-23　模拟示波器的显示部分

② 键控区域　键控区域的每个旋钮、按钮、开关、连接端等都有相应的标识符号来表示其功能，如图 10-24 所示。

模拟示波器的
整机结构

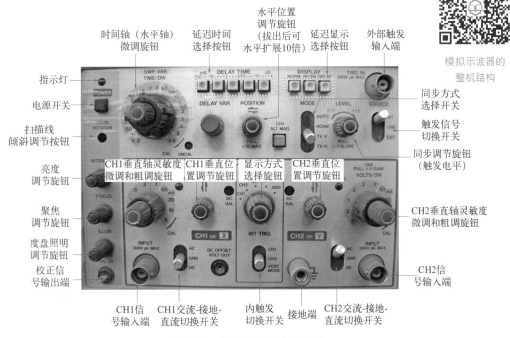

图10-24　模拟示波器的键控区域

（2）模拟示波器电源线和测试线的连接

模拟示波器的连接线主要有电源线和测试线。电源线用来为模拟示波器供电，测试线用来检测信号。图 10-25 为模拟示波器电源线和测试线的连接方法。

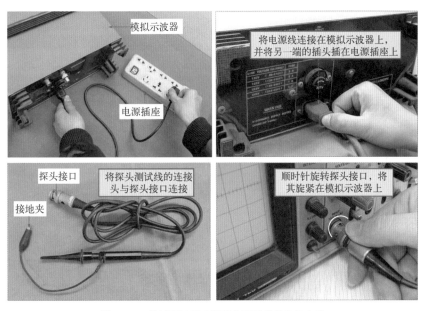

图10-25　模拟示波器电源线和测试线的连接方法

（3）模拟示波器的开机和测量前的调整

若是第一次使用或较长时间没有使用模拟示波器，在开机后，需要对模拟示波器进行自校正调整：按下电源开关，开启模拟示波器，指示灯点亮，约10s后，显示屏显示一条水平亮线，即扫描线；模拟示波器正常开启后，为了使其处于最佳的测试状态，需要对探头进行校正，校正时，将探针搭在基准信号输出端（1000Hz、0.5V的方波信号），在正常情况下，显示屏会显示出1000Hz的方波信号波形。

图10-26为模拟示波器的开机和测量前的调整。

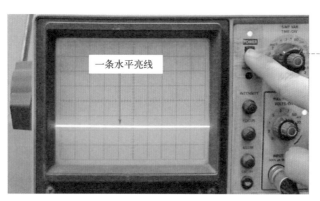

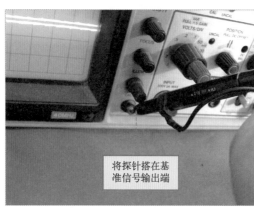

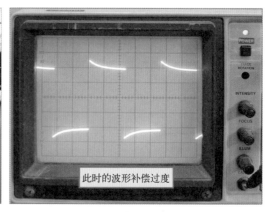

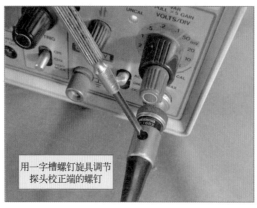

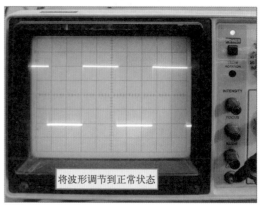

图10-26　模拟示波器的开机和测量前的调整

10.2.2　数字示波器的使用

数字示波器一般都具有存储记忆功能，能存储记忆在测量过程中任意时间的瞬时信号波形。

（1）数字示波器的结构特点

图10-27为数字示波器的实物外形。示波器的左侧为显示屏，用以显示测量的波形，右侧区域为键钮控制区域。探头连接区位于键钮控制区域的下方。

数字示波器的结构及键钮分布

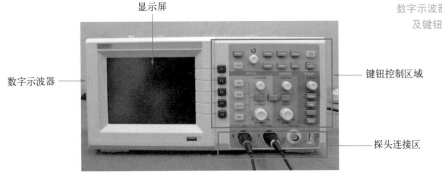

图10-27　典型数字示波器的实物外形

数字示波器的键钮控制区域主要可以细分为菜单键、探头连接区、垂直控制区、水平控制区、触发控制区、菜单功能区和其他按键。图10-28所示为典型数字示波器的键钮分布。

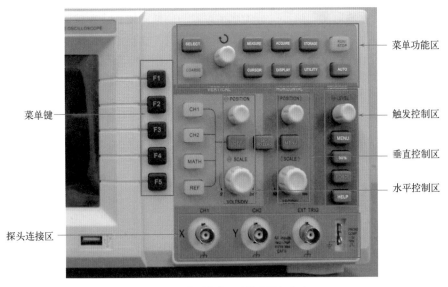

图10-28　典型数字示波器的键钮分布

（2）数字示波器的测量方法

在使用数字示波器进行检测时，首先要将数字示波器的探头连接被测部位，使信号接入示波器中。数字示波器信号的接入方式如图10-29所示。

将信号源测试线中的黑鳄鱼夹
与数字示波器的接地端连接

将红鳄鱼夹与数字示
波器的探头进行连接

数字示波器接地端

探头

红鳄鱼夹

黑鳄鱼夹

信号源

数字示波器

信号波形

观察到由信号源
输出的信号波形

图10-29　示波器信号的接入方式

（3）数字示波器测量波形的调整

数字示波器中信号波形的调整可以分为水平位置与周期的调整、垂直位置与幅度的调整。

示波器屏幕上显示的波形，主要可以分为水平系统和垂直系统两部分，其中水平系统是指波形在水平刻度线上的位置或周期，垂直系统是指波形在垂直刻度线上的位置或幅度。

图10-30所示为数字示波器显示波形垂直位置和水平位置的调整旋钮。其中，可调节波形水平位置和周期的旋钮称为水平位置调整旋钮和水平时间轴旋钮；可调节波形垂直位置和幅度的旋钮称为垂直位置调整旋钮和垂直幅度旋钮。

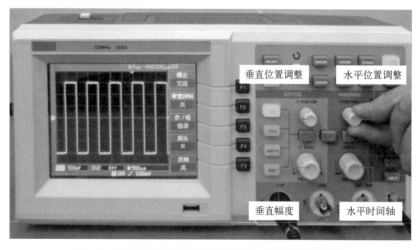

垂直位置调整

水平位置调整

垂直幅度

水平时间轴

图10-30　数字示波器显示波形垂直位置和水平位置的调整旋钮

① 信号波形水平位置与周期的调整 波形的水平位置的调整是由水平位置调整旋钮控制的，如图 10-31 所示。

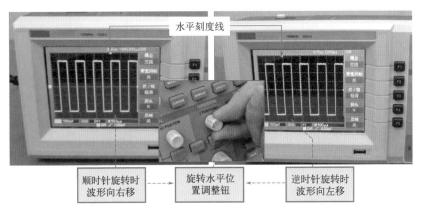

图10-31 信号波形水平位置的调整

若波形的宽度（即周期）过宽或过窄时，则可使用水平时间轴旋钮进行调整，如图 10-32 所示。

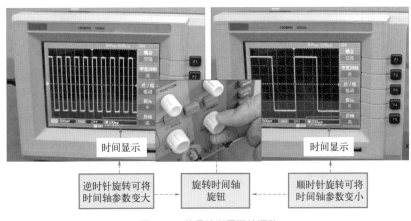

图10-32 信号波形周期的调整

② 信号波形垂直位置与幅度的调整 示波器显示波形的垂直位置的调整是由垂直位置调整旋钮控制的，而垂直幅度的调整，则是由垂直幅度旋钮控制的。信号波形垂直位置和垂直幅度的调整，如图 10-33 所示。

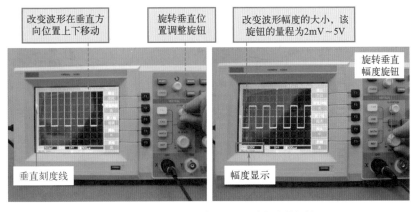

图10-33 信号波形垂直位置和垂直幅度的调整

10.3 常用检修工具的使用方法

10.3.1 拆装工具的用法

（1）螺丝刀

螺丝刀主要用来拆卸液晶电视机外壳、电路板以及液晶屏上的固定螺钉，其大小尺寸有多种规格，拆卸时，尽量使用合适规格的螺丝刀来拆卸螺钉，如图 10-34 所示。

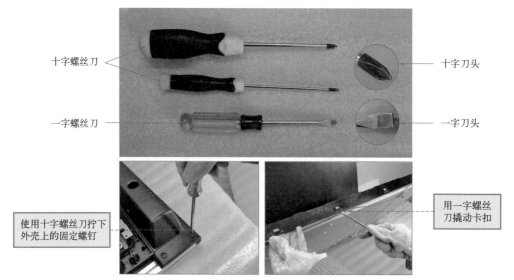

十字螺丝刀　　　　　　　　　　　　　　　十字刀头

一字螺丝刀　　　　　　　　　　　　　　　一字刀头

使用十字螺丝刀拧下外壳上的固定螺钉　　　　　用一字螺丝刀撬动卡扣

图10-34　螺丝刀的实物外形和使用

（2）偏口钳

偏口钳主要用来剪断液晶电视机内部连接引线上的线束以及需要断开的引线等，图 10-35 所示为偏口钳的实物外形和使用。

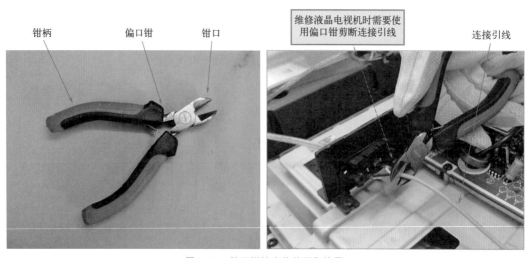

钳柄　　　　偏口钳　　　　钳口　　　　维修液晶电视机时需要使用偏口钳剪断连接引线　　　　连接引线

图10-35　偏口钳的实物外形和使用

10.3.2　焊接工具的用法

（1）电烙铁、吸锡器及焊接辅料

电烙铁、吸锡器和焊接辅料是维修液晶电视机时必备的焊装工具和材料，图 10-36 所示为电烙铁、吸锡器及焊接辅料的实物外形。

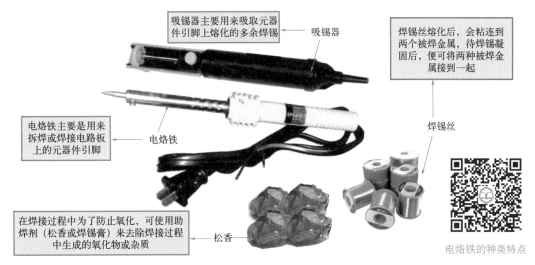

吸锡器主要用来吸取元器件引脚上熔化的多余焊锡 —— 吸锡器

焊锡丝熔化后，会粘连到两个被焊金属，待焊锡凝固后，便可将两种被焊金属接到一起

电烙铁主要是用来拆焊或焊接电路板上的元器件引脚 —— 电烙铁

焊锡丝

在焊接过程中为了防止氧化，可使用助焊剂（松香或焊锡膏）来去除焊接过程中生成的氧化物或杂质 —— 松香

电烙铁的种类特点

图10-36　电烙铁、吸锡器及焊接辅料的实物外形

使用电烙铁拆焊或代换液晶电视机中的分立式元器件时，需先将元器件的焊点进行熔化，然后再与吸锡器配合使用，图 10-37 所示为电烙铁、吸锡器及焊接辅料的使用。

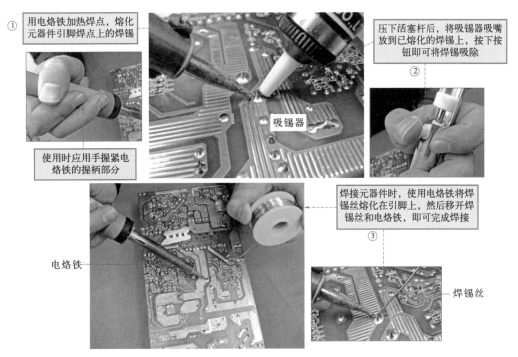

① 用电烙铁加热焊点，熔化元器件引脚焊点上的焊锡

使用时应用手握紧电烙铁的握柄部分

吸锡器

压下活塞杆后，将吸锡器吸嘴放到已熔化的焊锡上，按下按钮即可将焊锡吸除 ②

焊接元器件时，使用电烙铁将焊锡丝熔化在引脚上，然后移开焊锡丝和电烙铁，即可完成焊接 ③

电烙铁

焊锡丝

图10-37　电烙铁、吸锡器及焊接辅料的使用

提示

使用电烙铁对电路板元器件进行拆装后，烙铁头的温度很高，冷却时间较长，此时需将其放置到专用的支架上，自然降温，如图10-38所示，避免烫伤人体或引发火灾。

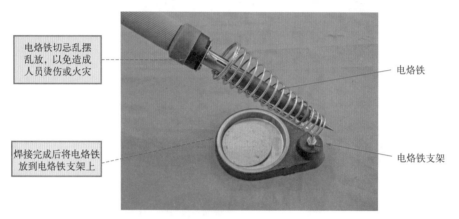

电烙铁切忌乱摆乱放，以免造成人员烫伤或火灾

电烙铁

焊接完成后将电烙铁放到电烙铁支架上

电烙铁支架

图10-38　电烙铁支架实物外形

（2）热风焊机

除上述的电烙铁外，维修液晶电视机时还会用到热风焊机。热风焊机是专门用来拆焊、焊接贴片元件和贴片集成电路的焊接工具，它主要由主机和风枪等部分构成，热风焊机配有不同形状的喷嘴，在进行元件的拆卸时根据焊接部位的大小选择适合的喷嘴即可，如图10-39所示。

热风焊机的特点
与使用

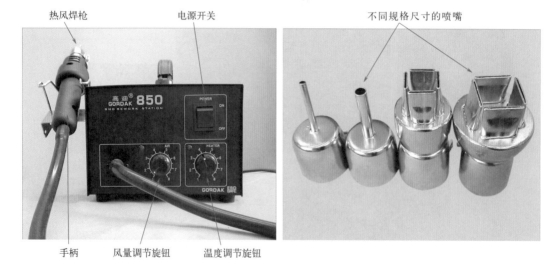

热风焊枪　　　　　电源开关　　　　　　　　　　不同规格尺寸的喷嘴

手柄　　风量调节旋钮　　温度调节旋钮

图10-39　热风焊机的实物外形

在使用热风焊机时，首先要进行喷嘴的选择安装及通电等使用前的准备，然后才能使用热风焊机进行拆卸，图10-40为拆卸四面贴片式集成电路的操作方法。

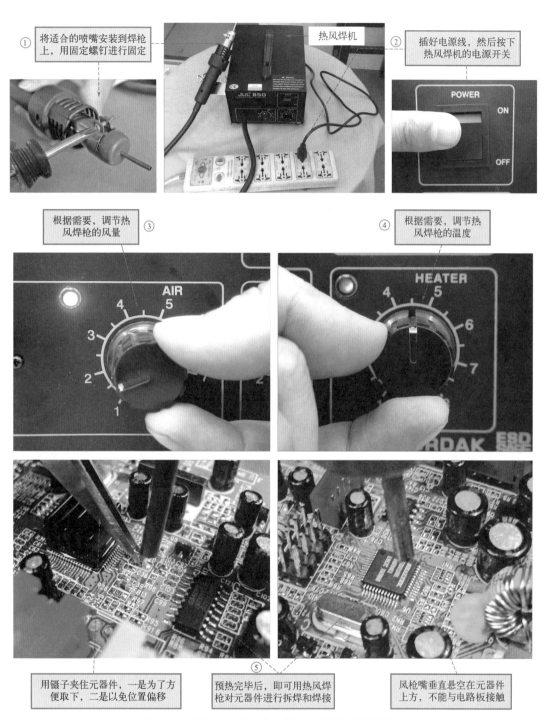

① 将适合的喷嘴安装到焊枪上，用固定螺钉进行固定

热风焊机

② 插好电源线，然后按下热风焊机的电源开关

③ 根据需要，调节热风焊枪的风量

④ 根据需要，调节热风焊枪的温度

用镊子夹住元器件，一是为了方便取下，二是以免位置偏移

⑤ 预热完毕后，即可用热风焊枪对元器件进行拆焊和焊接

风枪嘴垂直悬空在元器件上方，不能与电路板接触

图10-40　液晶电视机中用电风枪拆卸和焊接元器件的方法

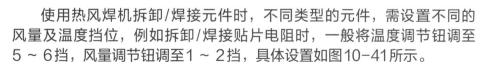

提示

　　使用热风焊机拆卸/焊接元件时，不同类型的元件，需设置不同的风量及温度挡位，例如拆卸/焊接贴片电阻时，一般将温度调节钮调至5～6挡，风量调节钮调至1～2挡，具体设置如图10-41所示。

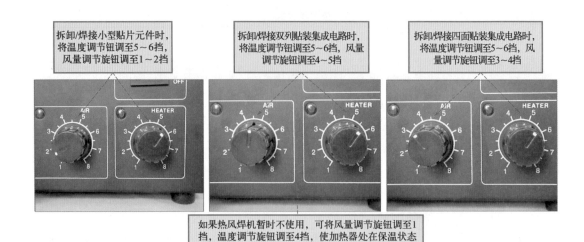

拆卸/焊接小型贴片元件时，将温度调节钮调至5~6挡，风量调节旋钮调至1~2挡

拆卸/焊接双列贴装集成电路时，将温度调节钮调至5~6挡，风量调节旋钮调至4~5挡

拆卸/焊接四面贴装集成电路时，将温度调节钮调至5~6挡，风量调节旋钮调至3~4挡

如果热风焊机暂时不使用，可将风量调节旋钮调至1挡，温度调节旋钮调至4挡，使加热器处在保温状态

图10-41　拆卸贴片元件时温度及风量的设定

第11章 检修液晶电视机电视信号接收电路

11.1 电视信号接收电路的检修分析

11.1.1 电视信号接收电路的故障特点

电视信号接收电路有故障通常会引起伴音和图像均不正常。判断液晶电视机电视信号接收电路是否正常，可用影碟机等作为信号源从 AV 端子输入 AV 信号（音视频信号），观看由影碟机播放的节目，如果图像声音都正常，而用本机接收电视天线或有线电视的节目图像、声音异常，则表明电视信号接收电路有故障。

对该电路进行检修时，可依据故障现象分析出产生故障的原因，并根据电视信号接收电路的信号流程对可能产生故障的部位逐一进行排查。图 11-1 所示为液晶电视机电视信号接收电路的检修测试点。

电视信号接收电路
的检修分析

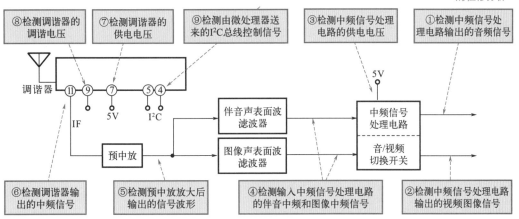

图11-1 液晶电视机电视信号接收电路的检修测试点

提示

当怀疑液晶电视机电视信号接收电路出现故障时，一般可逆其信号流程从输出部分作为入手点逐级向前进行检测，信号消失的地方即可作为关键的故障点，再以此为基础对相关范围内的工作条件、关键信号进行检测，排除故障。

11.1.2 电视信号接收电路的检修流程

一体化调谐器损坏往往会引起伴音和图像均不正常。当一体化调谐器视频图像信号或音频信号输出端无信号时，应先检查一体化调谐器的 AGC（自动增益控制）电压、供电电压、调谐电压是否正常，在这些条件均正常的前提下，若仍无输出，则多为一体化调谐器内部损坏，应整体更换。具体检修流程如图 11-2 所示。

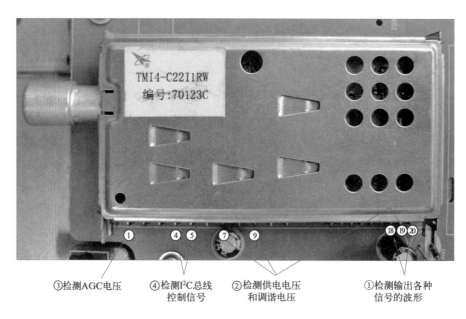

图11-2　一体化调谐器的故障检修流程

11.2 电视信号接收电路的检修方法

对于液晶电视机电视信号接收电路的检测，可使用万用表或示波器测量待测液晶电视机的电视信号接收电路，然后将实测电压值或波形与正常的数值或波形进行比较，即可判断出电视信号接收电路的故障部位。

根据检修流程，接下来分别对调谐器和中频电路以及一体化调谐器两种电路结构的电视信号接收电路进行检测。

11.2.1　中频集成电路的检修方法

检修中频集成电路可通过检测其输出端音频和视频信号、输入端信号和供电电压来判断。

（1）中频信号集成电路输出端音频信号的检测

根据中频电路信号流程的处理特点，中频信号集成电路的音频信号输出端引脚应能输出正常音频信号，此时用示波器接地夹接地，探头搭在输出端引脚上，应可测得音频信号波形，如图 11-3 所示。

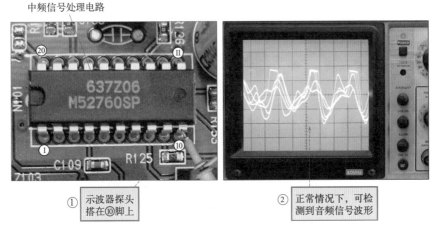

图11-3　中频信号集成电路输出的音频信号的检测方法

若测得输出端的音频信号波形不正常，说明中频信号处理电路或前级电路存在故障。

（2）中频信号集成电路输出端视频信号的检测

根据中频电路信号流程的处理特点，中频信号集成电路的视频信号输出端引脚应能输出正常视频信号，此时用示波器接地夹接地，探头搭在输出端引脚上，应可测得视频信号波形，如图 11-4 所示。

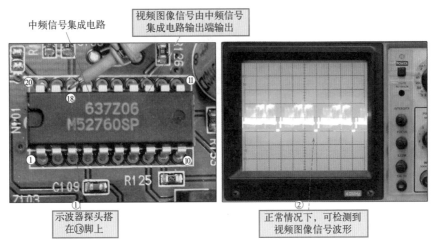

图11-4　音/视频切换开关输出的视频图像信号的检测方法

若测得输出端的视频图像信号波形不正常，则说明中频信号处理电路或前级电路存在故障。

（3）中频信号集成电路输入端信号的检测

前级电路送来的中频信号经其输入端送入中频集成电路内部进行处理，该输入端信号正常是中频信号集成电路正常工作的前提条件。可用示波器检测该输入端信号是否正常，如图11-5所示。

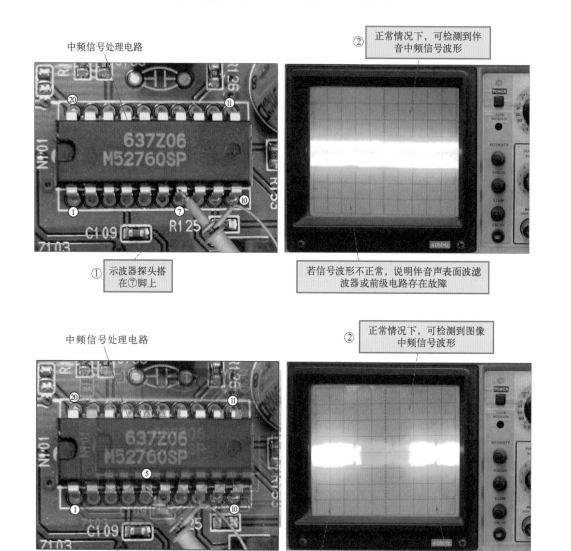

图11-5　中频信号集成电路输入端信号波形的检测方法

（4）中频信号集成电路供电电压的检测

中频信号集成电路正常工作需要满足基本的供电条件，可借助万用表检测其供电端电压是否正常，如图11-6所示。

中频信号处理电路

② 将红表笔搭在⑭脚（供电端）上

③ 正常情况下，可检测到5V的供电电压

① 将黑表笔搭在⑥脚（接地端）上

若电压不正常，说明供电电路存在故障

图11-6　中频信号集成电路供电电压的检测方法

中频信号集成电路
供电电压的检测方法

提示

　　若中频集成电路输出端的音频信号和视频信号均正常，则说明中频集成电路正常；若供电电压正常，输入端信号正常，而输出端无信号或输出信号异常，则多为中频集成电路损坏或内部电路异常，需用同型号集成电路替换，排除异常。

11.2.2　调谐器的检修方法

　　结合调谐器的工作特性，调谐器的好坏可通过检测其输出信号、工作电压、调谐电压、I^2C 总线信号波形等进行判断。

（1）调谐器输出中频信号的检测方法

按图 11-7 所示，对调谐器输出的中频信号波形进行检测。

提示

　　在检测电视信号接收电路时，对中频信号的检测十分关键，当电视信号接收电路末端无信号输出时（即11.2.1节中第（1）和（2）步骤检测无信号），可首先检测调谐器输出端中频信号是否正常。即以该处信号作为切入点，初步缩小故障范围：

　　若测得该处中频信号正常，而电视信号接收电路末端无视频图像信号或音频信号，则可确定故障发生在中频电路部分；

　　若测得该处无中频信号输出，则说明故障多是由调谐器引起的。

　　以此可迅速圈定故障范围，有效提高维修效率。

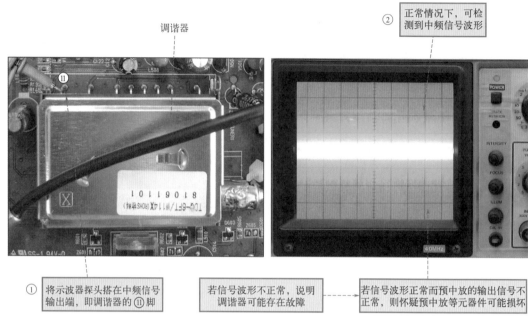

图11-7　调谐器输出的中频信号的检测方法

（2）调谐器供电电压检测方法

按图 11-8 所示，对调谐器供电电压进行检测。

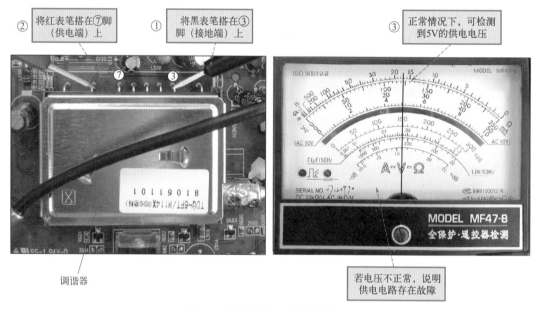

图11-8　调谐器供电电压的检测方法

（3）调谐器调谐电压检测方法

按图 11-9 所示，对调谐器的调谐电压进行检测。

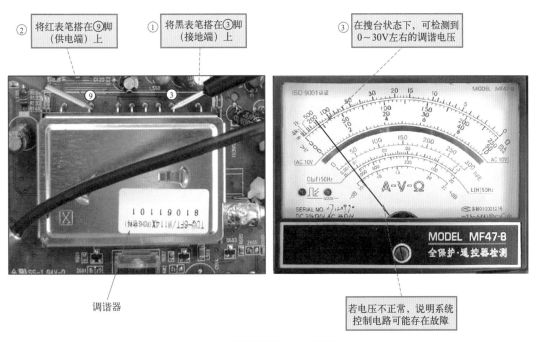

② 将红表笔搭在⑨脚（供电端）上

① 将黑表笔搭在③脚（接地端）上

③ 在搜台状态下，可检测到 0～30V 左右的调谐电压

调谐器

若电压不正常，说明系统控制电路可能存在故障

图11-9　调谐器调谐电压的检测方法

（4）调谐器 I2C 总线控制信号的检测方法

按图 11-10 所示，对调谐器 I^{2}C 总线控制信号进行检测。

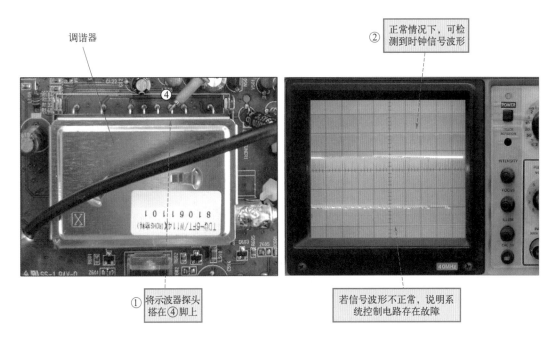

调谐器

② 正常情况下，可检测到时钟信号波形

① 将示波器探头搭在④脚上

若信号波形不正常，说明系统控制电路存在故障

图11-10

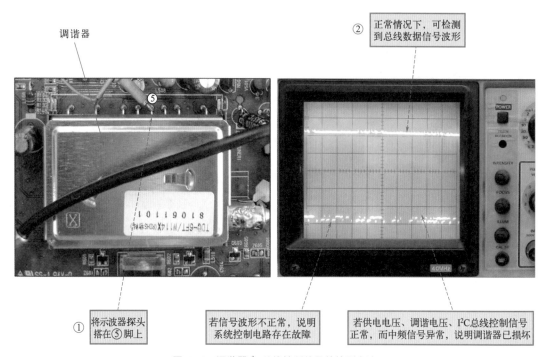

调谐器

② 正常情况下，可检测到总线数据信号波形

① 将示波器探头搭在⑤脚上

若信号波形不正常，说明系统控制电路存在故障

若供电电压、调谐电压、I²C总线控制信号正常，而中频信号异常，说明调谐器已损坏

图11-10　调谐器I²C总线控制信号的检测方法

提示

　　若经检测，调谐器的供电电压、调谐电压、I²C总线控制信号均正常，无中频信号输出或输出信号异常，则说明调谐器已损坏，需要整体更换。

11.2.3　预中放的检修方法

　　预中放实际是一个放大三极管，判断预中放好坏，可检测其输入端的中频信号和放大后的中频信号是否正常。

　　预中放输入端的中频信号来自调谐器的输出端，两处信号相同，这里不再重复检测，可参见图11-7。接下来，用示波器检测预中放输出端的信号，如图11-11所示。

　　若经检测输入端中频信号正常，无输出，则说明预中放损坏，需要更换。

　　另外，也可在断电状态下，通过检测预中放各引脚之间阻值的方法判断好坏。需要注意的是，由于在路检测阻值很容易受到外围阻容元器件的影响，测量结果不明确，因此需要将其从电路板中焊下后再测量阻值。一般情况下，预中放两两引脚间阻值应有两组数值，有一个固定值，其他阻值均为无穷大，由此做出准确的判断。

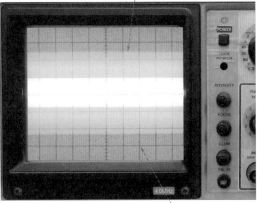

预中放
V104

② 正常情况下，可检测到放
大的中频信号波形

① 将示波器探头
搭在预中放的集电极

若信号波形不正常，说明预
中放或前级电路存在故障

若信号波形正常，而中频信号处理电路输入信号不正
常，说明声表面波滤波器与其外围元件可能存在故障

图11-11　预中放输出端信号波形的检测方法

11.3　电视信号接收电路检修案例

11.3.1　康佳液晶电视机电视信号接收电路检修案例

康佳（LC-TM3008 型）液晶电视出现"电视节目图像和伴音不良"的故障。

检修前，首先按图 11-12 所示，将康佳 LC-TM3008 型故障机与电路图纸对照，建立对应
关系。

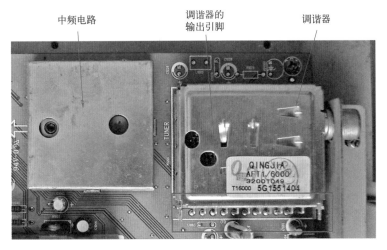

中频电路

调谐器的
输出引脚

调谐器

图11-12

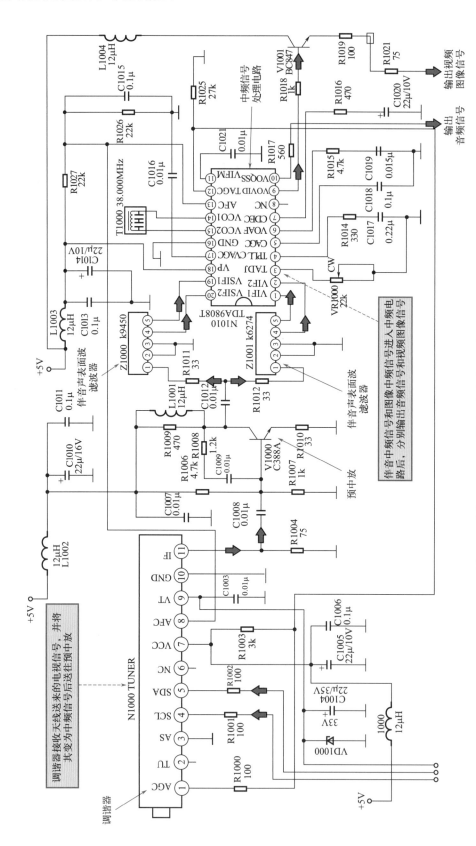

图11-12 康佳LC-TM3008型故障机与电路图纸对照

按图 11-13 所示，根据故障表现，结合电路图纸确立检修流程。

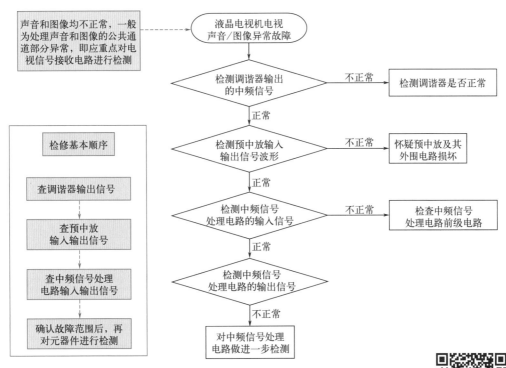

图11-13　康佳LC-TM3008型液晶电视机的电视信号接收电路检修流程

按图 11-14 所示，检测调谐器输出的中频信号波形。

调谐器输出中频信号
的检测方法

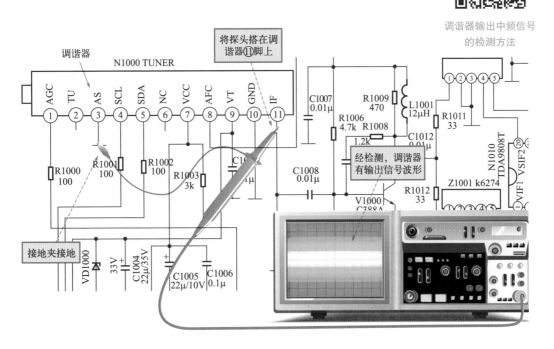

图11-14　检测调谐器输出的中频信号波形

按图 11-15 所示，检测预中放的输入输出信号波形。

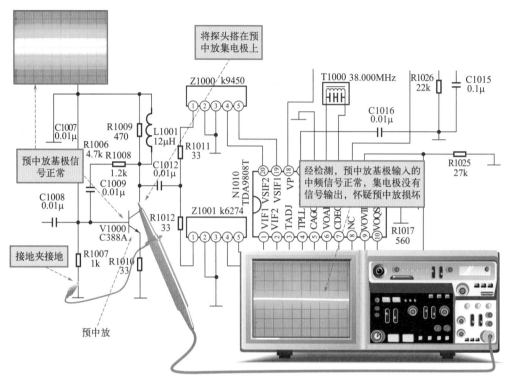

将探头搭在预中放集电极上

预中放基极信号正常

接地夹接地

预中放

经检测，预中放基极输入的中频信号正常，集电极没有信号输出，怀疑预中放损坏

图11-15　检测预中放的输入输出信号波形

💡 **提示**

　　根据检测可了解到，调谐器输出的中频信号正常，预中放输入信号正常、输出信号不正常，怀疑预中放损坏，使用相同型号的元件代换后，再次试机故障排除。

11.3.2　长虹液晶电视机电视信号接收电路检修案例

　　该长虹液晶电视机的电视信号接收电路采用一体化调谐器。在对该部分电路进行检测时，可使用万用表或示波器测量各输出引脚的相关电压和信号波形，然后将实测电压值或波形与正常的数值或波形进行比较，即可判断出一体化调谐器是否出现故障。

　　按图 11-16 所示，对一体化调谐器的输出信号进行检测。

　　按图 11-17 所示，对一体化调谐器的供电和调谐电压（基本工作条件）进行检测。

　　若供电电压不正常，说明供电电路可能存在故障。

　　若调谐电压不正常，说明系统控制电路可能存在故障。

　　按图 11-18 所示，对一体化调谐器的 AGC 电压进行检测。

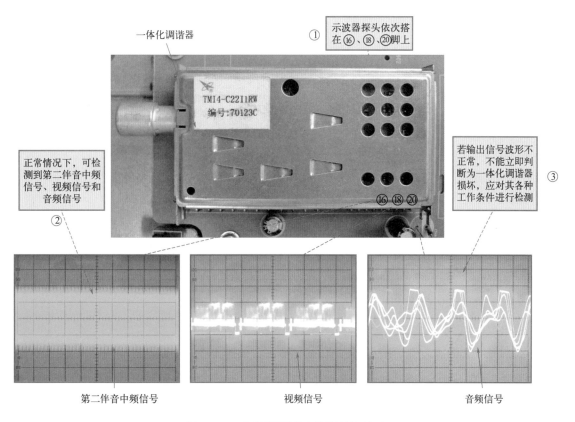

图11-16　一体化调谐器输出信号的检测方法

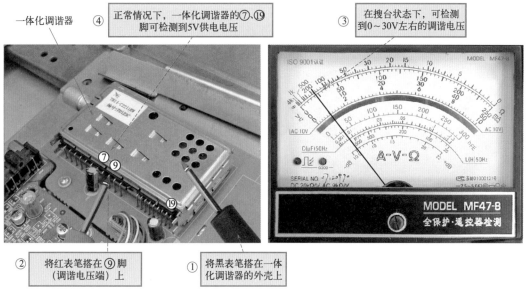

图11-17　一体化调谐器供电和调谐电压的检测方法

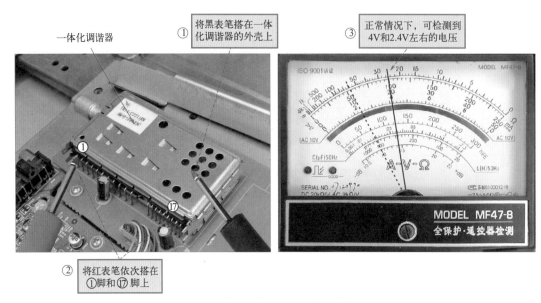

图11-18　一体化调谐器的AGC电压的检测方法

若 AGC 电压不正常，说明一体化调谐器可能存在故障。

若 AGC 电压、供电电压以及调谐电压都正常，应继续对信号波形进行检测。

按图 11-19 所示，对一体化调谐器的 I^2C 总线控制信号进行检测。

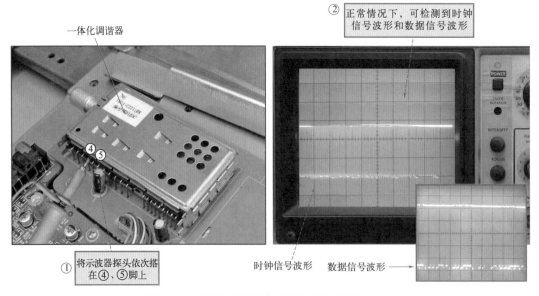

图11-19　一体化调谐器的 I^2C 总线控制信号的检测方法

若信号波形不正常说明系统控制电路存在故障。

提示

　　若经检测，一体化调谐器各工作条件均正常，而视频图像信号或音频信号输出端无任何信号输出，则说明一体化调谐器内部损坏。

　　一体化调谐器内部电路的故障，如果检修不当，会影响整机的频率特性。一些专业维修技术人员如果没有专门测试仪器和专用修理工具，也不能进行维修，因此在一般情况下，一体化调谐器出现故障后需要整体更换。

第12章 检修液晶电视机数字信号处理电路

12.1 数字信号处理电路的检修分析

12.1.1 数字信号处理电路的故障特点

数字信号处理电路是平板电视机中的关键电路，该电路出现故障通常会引起液晶电视机出现图像不正常等现象。对该电路进行检修时，可依据故障现象分析产生故障的原因，并根据数字信号电路的信号流程对可能产生故障的部件逐一进行排查。图12-1所示为典型液晶电视机数字信号处理电路的测试点。

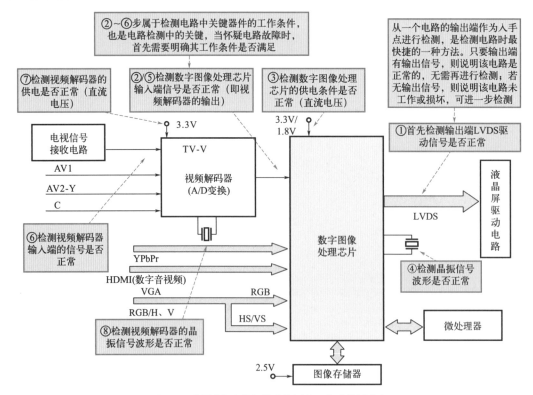

图12-1 典型液晶电视机数字信号处理电路的测试点

当怀疑数字信号处理电路出现故障时，一般可逆其信号流程以输出部分作为入手点逐级向前进行检测，信号消失的地方即可作为关键的故障点，再以此为基础对相关范围内的工作条件、关键信号进行检测，排除故障。

12.1.2 数字信号处理电路的检修流程

液晶电视机的视频信号可由不同的输入接口或插座送入，检修前应首先确认液晶电视机信号输入方式（检修时，通常使用影碟机作为信号源，由 AV1 接口提供输入信号），即采用何种信号输入通道，由不同通道输入信号后，检测部位及引脚不相同。视频信号处理电路的基本检修流程如图 12-2 所示。

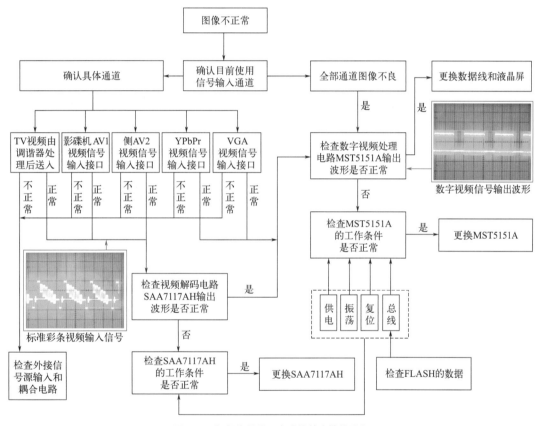

图12-2　视频信号处理电路的基本检修流程

若液晶电视机出现伴音正常、无图像或图像异常的故障，应按视频信号处理电路的基本检修流程对该通路中的元器件进行检测。

12.2 数字信号处理电路的检修方法

对液晶电视机数字信号处理电路的检修，可按照前面的检修分析及检测流程进行逐步检测，对损坏的元件或部件进行更换，即可完成对数字信号处理电路的检修。

12.2.1 数字图像处理芯片的检修方法

结合数字图像处理芯片的功能特点可知，检测数字图像处理芯片主要针对其输出端信号、输入端信号和工作条件等来判断芯片好坏。

（1）数字图像处理芯片输出端信号波形的检测方法

找到数字图像处理芯片的信号输出端，借助示波器检测输出端引脚处的信号波形（LVDS信号），如图 12-3 所示。

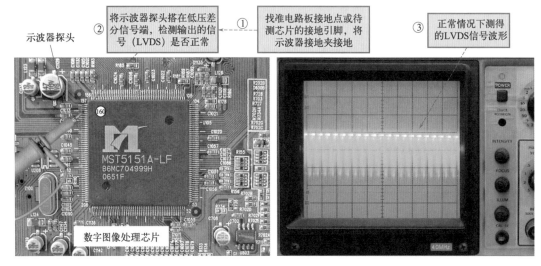

图12-3 检测数字图像处理芯片输出的LVDS信号

若输出信号正常，表明数字信号处理电路工作正常，若无输出信号或输出异常，则可能为数字信号处理电路损坏或未工作，应对负责处理并输出信号的数字图像处理芯片进行检测。

 提示

数字图像处理芯片MST5151A是处理数字视频信号的关键电路，它直接与液晶屏驱动屏线连接，将处理后的数字信号由屏线送往液晶屏驱动电路中，若该电路输出不正常，将引起液晶电视机图像显示不良或无图像的故障。

由AV1通道送入的视频信号经视频解码电路处理后，经MST5151A的 ㊶ ~ ㊽ 脚送入数字图像处理电路中，经集成电路内部处理后由 ⑯⓪、⑯①、⑯⑥ ~ ⑰① 脚输出低压差分数据信号值送往液晶屏驱动电路。

相关资料

数字图像处理芯片输出的驱动信号，也可以在该芯片与后级电路连接的接口处进行检测，如图12-4所示，用示波器依次检测屏线接口的主要引脚波形，若实测信号与图中所示信号差别较大，则说明数字板的输出不正常；若该信号正常，且屏线接口插接良好，而液晶屏仍不能正常显示，则可能是屏线本身损坏或液晶屏驱动电路损坏。

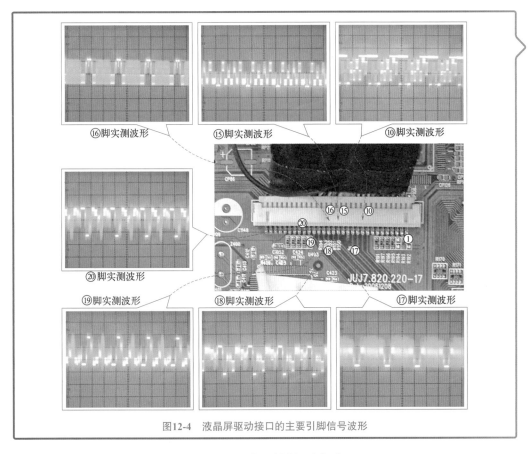

图12-4 液晶屏驱动接口的主要引脚信号波形

（2）数字图像处理芯片输入端信号波形的检测方法

采用相同的方法，首先找到数字图像处理芯片的输入端引脚，然后将示波器接地夹接地，探头搭在数字图像处理芯片的输入端引脚上，检测由前级电路送来的信号波形，如图 12-5 所示。

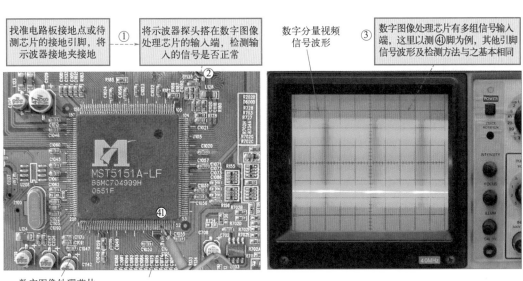

图12-5 检测数字图像处理芯片输入端的信号

若输入信号不正常，则证明前级电路有故障；若输入信号正常，而输出信号不正常，此时不能直接判断芯片本身故障，还应检查其工作条件是否正常。

 提示

　　若数字图像处理芯片输入信号正常，而输出信号不正常，此时不能直接判断集成电路本身故障，接下来应检查其工作条件是否正常，如检查其工作电压、晶振信号、MCU数据信号、与存储器接口信号等是否正常。

（3）数字图像处理芯片工作条件的检测方法

按图 12-6 所示，检测数字图像处理芯片的供电电压。

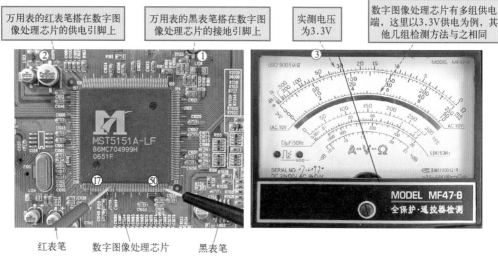

图12-6　检测数字图像处理芯片的供电电压

若无直流电压，则应检测供电部分的相关元件及电源电路部分；若供电正常，则可进行下一步检测。

按图 12-7 所示，检测数字图像处理芯片的晶振信号。

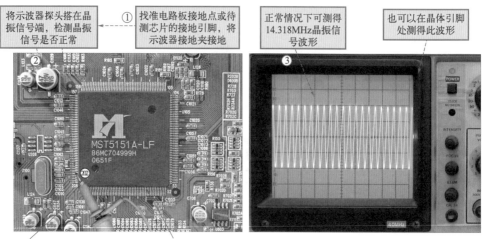

图12-7　检测数字图像处理芯片的晶振信号

在前述几步检测中，若输入信号、供电电压、晶振信号均正常，而芯片无输出，则多为芯片本身损坏，应进行更换。若晶振信号不正常，则应进一步检测晶体及相关外围器件。正常情况下晶体两引脚间的阻值为无穷大。

 相关资料

此外，数字图像处理芯片MST5151A的⑦⑤ ～ ⑦② 脚为微处理器的数据通信输入/输出引脚，⑥⑥ 脚为视频时钟信号输入端，⑬⑩ ～ ⑫⑦、⑫④ ～ ⑪⑦、⑩⑩、⑬③ 脚为 MST5151A 与图像存储器的接口部分。正常情况下，这些引脚也应有相关的信号波形输出，如图12-8所示。

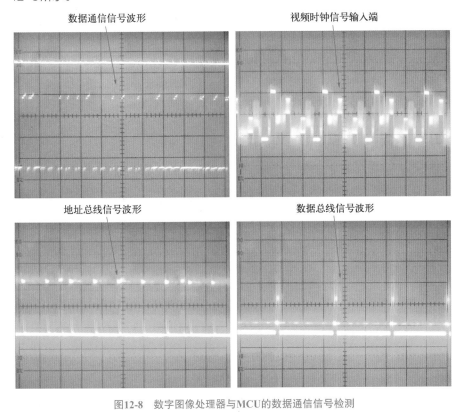

数据通信信号波形　　　　　视频时钟信号输入端

地址总线信号波形　　　　　数据总线信号波形

图12-8　数字图像处理器与MCU的数据通信信号检测

 提示

　　若晶振信号不正常，则可能是由于MST5151A本身或外接晶体损坏造成的。可以用替换法来判断晶体的好坏，用同型号晶体进行代换，若更换后电路还是无法正常工作，在供电电压和输入信号都正常的情况下，输出信号仍不正常，则可能是MST5151A本身损坏。

　　若经检测数字图像处理芯片本身未发现异常，而输入端信号异常时，应对前级电路进行检测，即视频解码器部分。

12.2.2　视频解码器的检修方法

结合视频解码器的功能特点，可在了解其各引脚功能的前提下，检测其输出端信号波形、输入端信号波形、工作条件等来判断好坏。

（1）视频解码器输出端信号波形的检测

根据视频解码器型号表示，对照图纸或集成电路手册，确认视频解码器的输出端引脚。将示波器接地夹接地，探头搭在视频解码器的输出端引脚上，检测其输出的信号波形，如图12-9所示。

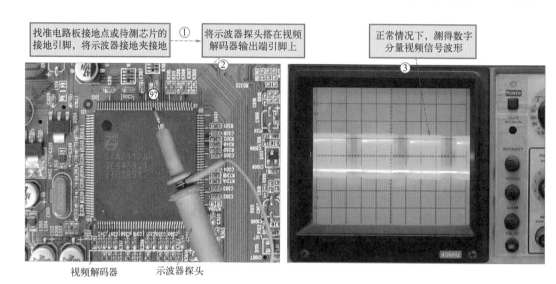

图12-9　检测视频解码器的输出端的信号波形

若输出信号正常，表明视频解码器工作正常；若无输出信号或输出异常，则可能为视频解码器损坏或未工作，应进一步检测。

（2）视频解码器输入端信号波形的检测

采用同样的方法，将示波器接地夹接地，探头搭在视频解码器输入端引脚上，如图12-10所示。

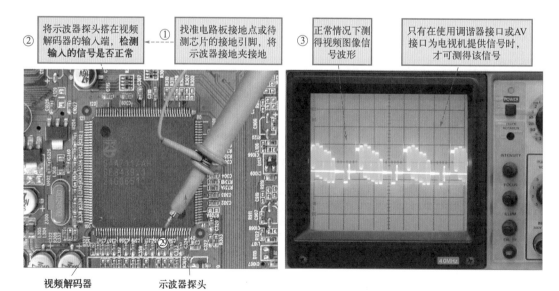

图12-10　检测视频解码器的输入端的信号波形

若输入的视频图像信号不正常，则证明前级电路有故障。若输入信号正常，而输出信号不正常，此时不能直接判断视频解码器损坏，还应检查其工作条件是否正常。

（3）视频解码器工作条件的检测

按图 12-11 所示，检测视频解码器的供电条件。

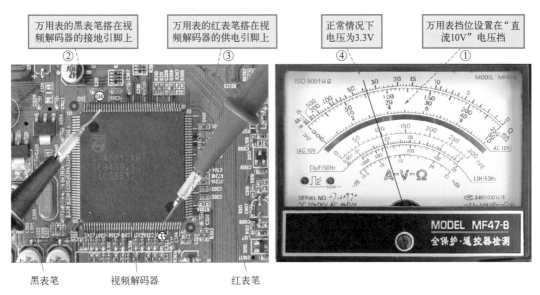

图12-11　检测视频解码器的供电条件

若无直流电压，则应检测供电部分的相关元件及电源电路部分；若供电正常，则可进行下一步检测。

按图 12-12 所示，检测视频解码器的晶振信号条件。

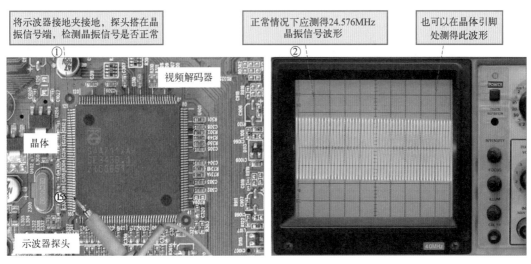

图12-12　检测视频解码器的晶振信号

在前述几步检测中，若输入信号、供电电压、晶振信号均正常，而无输出，则多为视频解码器本身损坏，应进行更换。若晶振信号不正常，则应进一步检测晶体及相关外围器件。正常情况下晶体两引脚间的阻值为无穷大。

此外，视频解码器SAA7117AH的⑯、⑱脚为I²C总线信号，也是集成电路正常工作的重要条件，其检测方法和波形如图12-13所示。

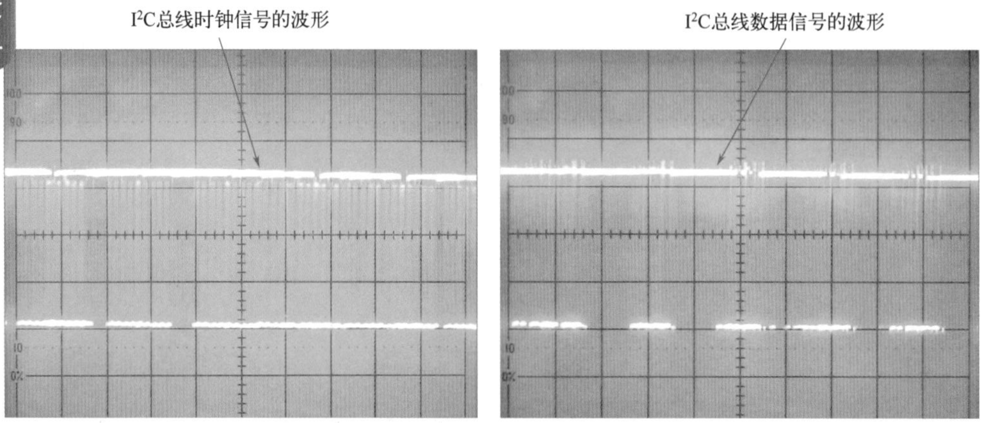

I²C总线时钟信号的波形

I²C总线数据信号的波形

图12-13 视频解码器I²C总线信号的检测

另外，若SAA7117AH工作正常，则在其⑨、⑨脚应能够检测到视频行、场同步信号，⑧脚为视频时钟输出端，各引脚正常状态下的信号波形如图12-14所示。

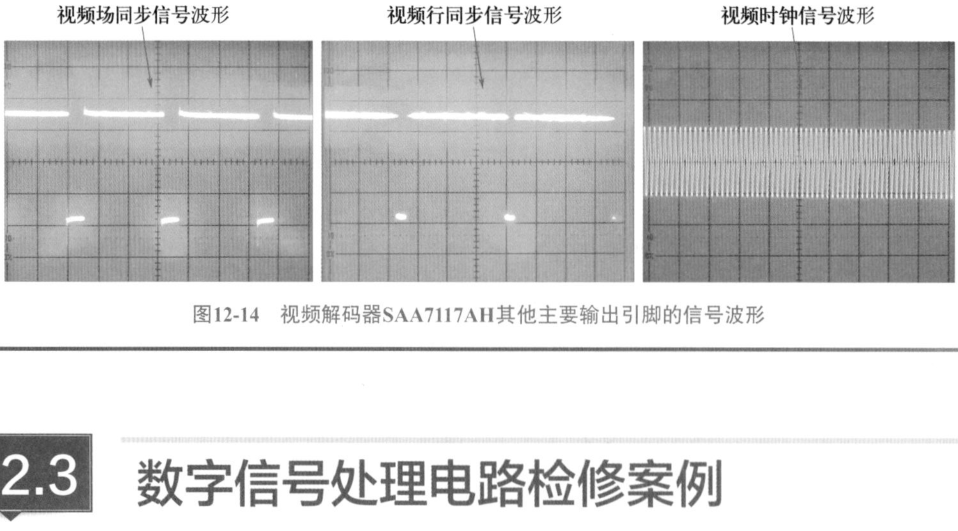

视频场同步信号波形

视频行同步信号波形

视频时钟信号波形

图12-14 视频解码器SAA7117AH其他主要输出引脚的信号波形

12.3 数字信号处理电路检修案例

12.3.1 康佳液晶电视机数字信号处理电路检修案例

图12-15为待测康佳液晶电视机的数字信号处理电路。该机的数字信号处理电路故障造成液晶电视机出现"开机无图像"的故障现象。

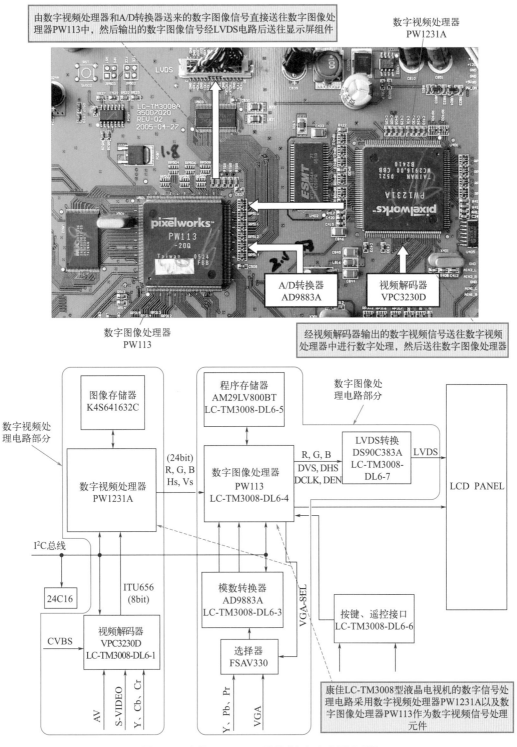

图12-15　康佳LC-TM3008型故障机与电路图纸对照

　　检修前，将故障机与电路图纸对照，建立对应关系。然后按图 12-16 所示，根据故障现象，结合电路图纸确立检修流程。

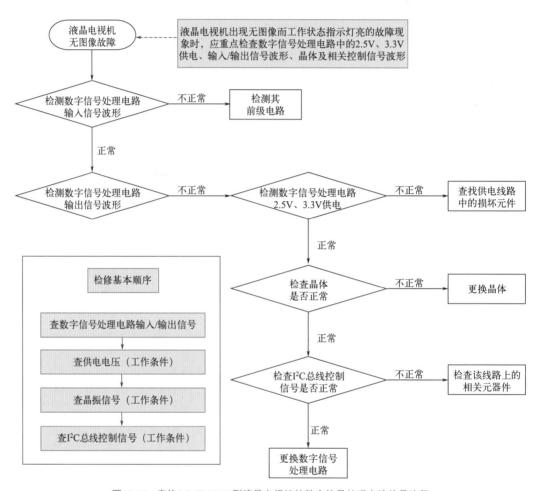

图12-16　康佳LC-TM3008型液晶电视机的数字信号处理电路信号流程

按图 12-17 所示，检测数字图像处理器 PW1231A 输入 / 输出信号。

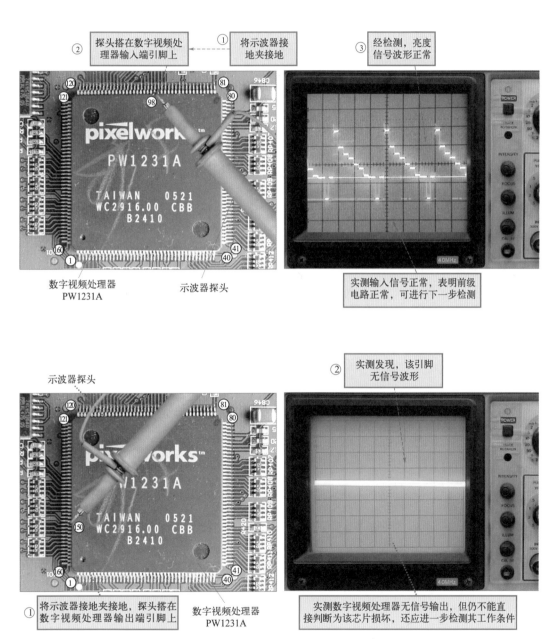

图12-17 检测数字图像处理器PW1231A输入/输出信号

提示

数字视频处理器PW1231A可接收由视频解码器送来的数字视频信号（该电路还可以接收由A/D转换器送来的数字R、G、B信号以及DVI接口送来的数字视频信号等），并进行数字处理，然后输出数字图像信号，送往数字图像处理器中。

正常情况下，在数字视频处理器的输入端和输出端均应能够检测到信号波形，如图12-18所示。

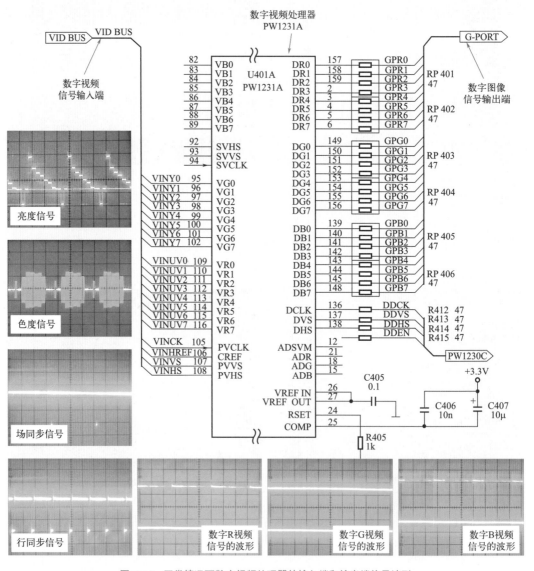

图12-18　正常情况下数字视频处理器的输入端和输出端信号波形

按图 12-19 所示，检测数字图像处理器 PW1231A 的电源供电引脚的电压值。

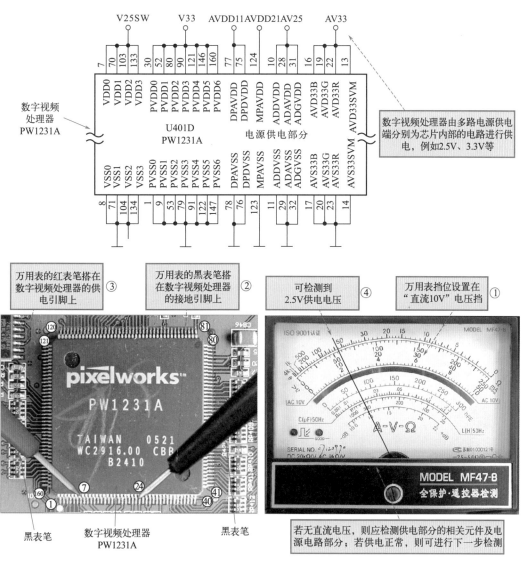

图12-19 检测数字图像处理器PW1231A的供电电压（以⑦脚为例）

按图 12-20 所示，检测数字图像处理器 PW1231A 的晶振信号。

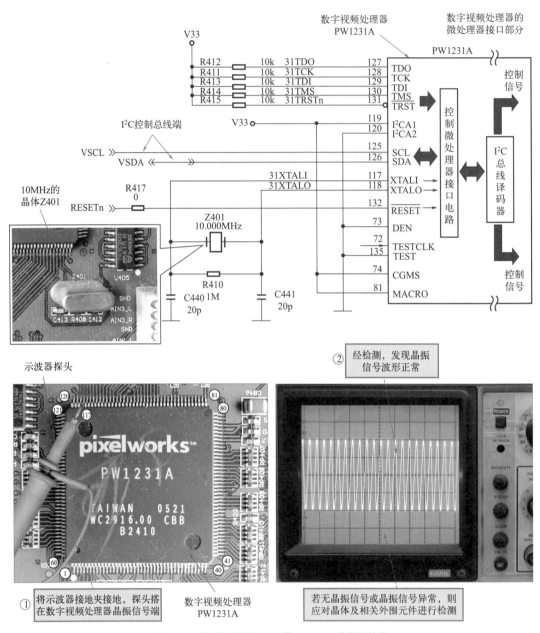

① 将示波器接地夹接地，探头搭在数字视频处理器晶振信号端

数字视频处理器 PW1231A

② 经检测，发现晶振信号波形正常

若无晶振信号或晶振信号异常，则应对晶体及相关外围元件进行检测

图12-20 检测数字图像处理器PW1231A的晶振信号

按图 12-21 所示，检测数字图像处理器 PW1231A 的 I^{2}C 总线控制信号。

 提示

根据检测可了解到，数字图像处理器 PW1231A 的输入、供电、晶振及 I^{2}C 总线控制信号均正常，但却无任何输出，怀疑是数字图像处理器内部损坏，用同型号进行代换后，再次试机故障排除。

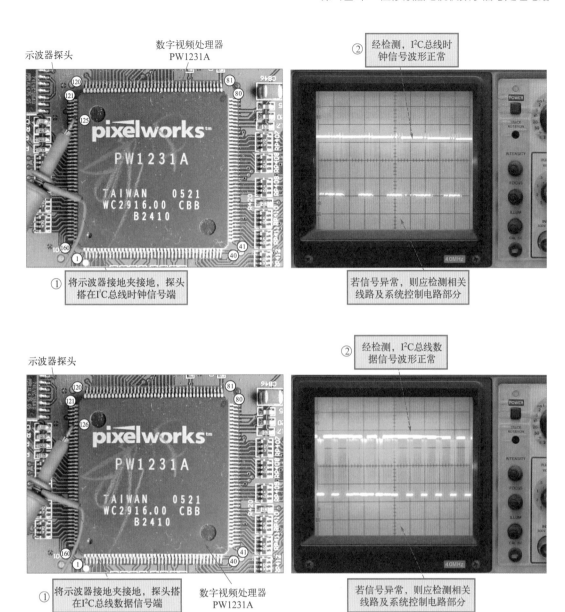

图12-21 检测数字图像处理器PW1231A的I²C总线控制信号

12.3.2 TCL液晶电视机数字信号处理电路检修案例

待测 TCL 液晶电视机开机后，伴音正常，图像偶尔出现马赛克，有时会出现满屏竖线干扰。对故障进行分析，故障机能正常开机且伴音正常，表明该机的开关电源电路、逆变器电路、系统控制电路部分和音频信号处理电路部分正常，故障范围可锁定视频图像信号的处理通道，重点检测数字信号处理电路部分。

图 12-22 为待测 TCL 液晶电视机数字信号处理电路部分的结构和电路关系。

可以看到，该液晶电视机中的数字信号处理电路部分主要包括视频解码器 U23（SAA7117AH）、双通道液晶电视显示处理器 U3（FLI8532-LF）、图像存储器 U7/U8（HY5DU281622ET）等部分。

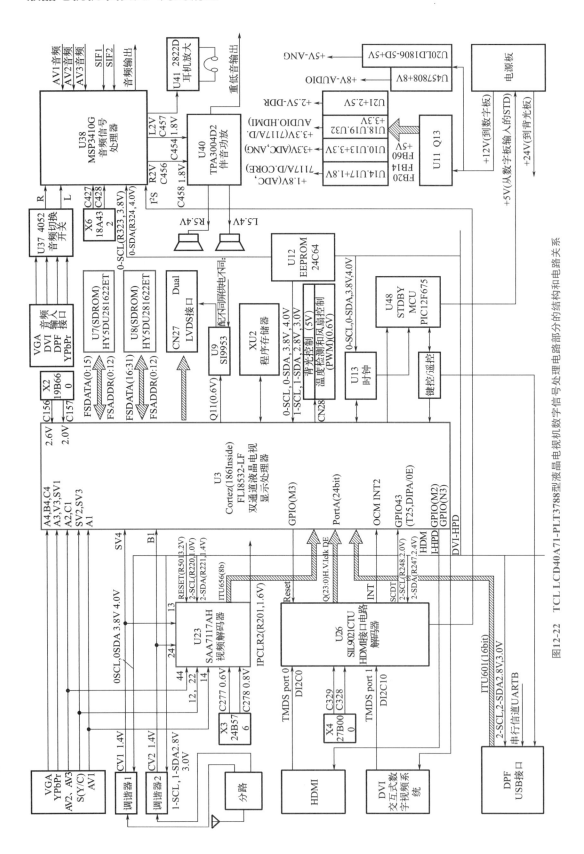

图12-22　TCL LCD40A71-PLT3788型液晶电视机数字信号处理电路部分的结构和电路关系

由液晶电视机当前图像的显示状态可知，图像马赛克和满屏竖线干扰都属于典型的图像存储器工作不良的故障表现，因此我们将检测的重点放在数字信号处理电路的图像存储器部分。图 12-23 为图像存储器 U7/U8（HY5DU281622ET）电路部分。

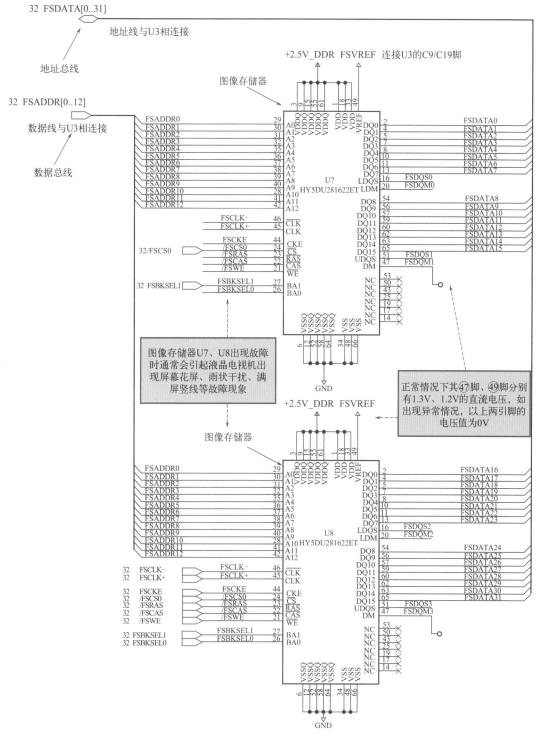

图12-23 图像存储器U7/U8（HY5DU281622ET）电路

① 图像存储器 U7/U8 正常工作需要一组 2.5V 直流供电电压。若无供电电压，则 U7/U8 无法正常工作。

② 图像存储器 U7/U8 的 ㊼ 脚、㊾ 脚与本机中的双通道液晶电视机显示处理器 U3 关联，正常情况相下，这两个引脚应分别有 1.3V、1.2V 直流电压。若电压为零，说明图像存储器出现异常情况。

③ 图像存储器 U7/U8 通过地址总线和数据总线与 U3 关联，用来进行一帧数字图像信号的暂存处理，起到降噪的作用。若这两个信号不正常或总线传输线路有故障，都会导致液晶电视机出现马赛克、雨状干扰、满屏竖线干扰等现象。

④ 图像存储器 U7/U8 的 ㊺/㊻ 脚、㉔ 脚、㉓ 脚、㉑ 脚分别为 CLK/$\overline{\text{CLK}}$、$\overline{\text{CS}}$、$\overline{\text{RAS}}$、$\overline{\text{WE}}$，即时钟信号、片选信号、读取控制、写入控制等，这些信号称为控制总线，与微处理器部分连接，受 U3 内部微处理器部分的控制。

 提示

结合上述分析过程可知，对TCL LCD40A71-PLT3788型液晶电视机图像偶尔出现马赛克，有时为满屏竖线干扰的故障，故障范围锁定在图像存储器电路，故障检修的基本思路如图12-24所示。

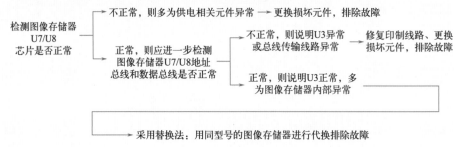

图12-24　TCL LCD40A71-PLT3788型液晶电视机图像偶尔出现马赛克或满屏竖线干扰的故障检修思路

根据以上检修分析，我们首先检测图像存储器 U7/U8 的供电电压是否正常。

图像存储器 U7/U8 供电电压的检测方法如图 12-25 所示。

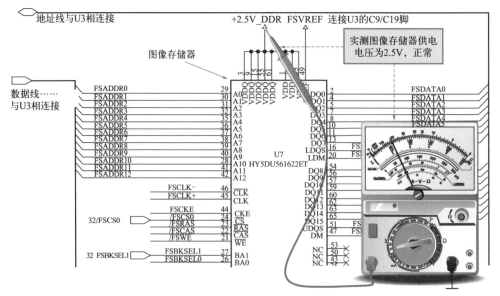

图12-25　图像存储器U7/U8供电电压的检测方法

检测结果：供电正常。根据检修思路，接下来应检测图像存储器 U7/U8 地址总线和数据总线是否正常。

图像存储器 U7/U8 地址总线和数据总线的检测方法如图 12-26 所示。

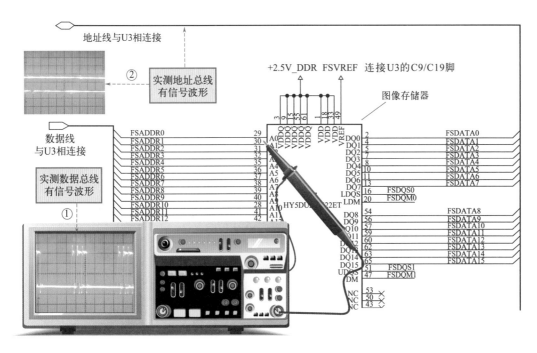

图12-26　图像存储器U7/U8地址总线和数据总线的检测方法

检测发现数据线有信号波形，但难于确定故障点。根据检修思路，怀疑图像存储器内部存在异常，导致其工作不稳定出现图像异常的情况。采用替换法，使用两只同型号的图像存储器芯片分别代换原图像存储器 U7/U8，通电试机数小时，图像稳定正常，故障排除。

第**13**章　检修液晶电视机系统控制电路

13.1　系统控制电路的检修分析

13.1.1　系统控制电路的故障特点

系统控制电路是接收遥控/人工按键指令、输出控制信号的电路，该电路有故障通常会造成液晶电视机出现各种异常，比如不开机、无规律死机、操作控制失常、调节失灵、不能记忆频道等故障。

当怀疑系统控制电路部分故障，在对液晶电视机的系统控制电路进行检测时，基本的检修思路为：检测微处理器输出的控制信号是否正常。若信号波形不正常，则应对微处理器的工作条件进行检测，例如检查供电电压、晶振信号以及复位电压等是否正常。在工作条件正常的情况下，若微处理器的各信号波形不正常，则表明微处理器本身损坏。

图 13-1 所示为液晶电视机系统控制电路的基本检测点。

13.1.2　系统控制电路的检修流程

对系统控制电路进行检测时，检测的顺序会因故障表现不同而有所区别，图 13-1 中我们标识出了常见的几个检测点，具体检修时，应根据具体情况，按照相应的检修顺序进行检测，即根据故障表现进行针对性的检测。例如：

① 当液晶电视机出现操作功能失常时，首先检测操作按键部分输入键控指令是否正常。若输入控制指令正常，但输入的控制指令无法被微处理器识别或输出正确的控制指令，则接下来应检查微处理器的工作条件，如工作电压、复位信号、晶振信号、I^2C 总线信号等，若这些信号均正常，微处理器仍无法正常工作，则说明微处理器损坏，应更换。

② 当液晶电视机遥控功能失常时，其检测方法与键控功能失常相同，即首先检测遥控指令是否正常。若输入遥控指令正常，但输入的控制指令无法被微处理器识别或输出正确的控制指令，则接下来应检查微处理器的工作条件，如工作电压、复位信号、晶振信号、I^2C 总线信号等，若这些信号均正常，微处理器仍无法正常工作，则说明微处理器损坏，应更换；若遥控指令异常，则应检查遥控接收电路及遥控发射器部分。

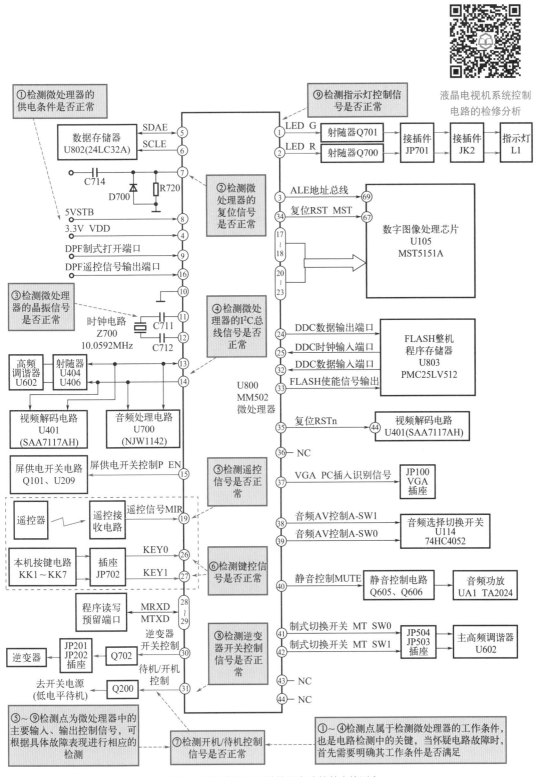

液晶电视机系统控制
电路的检修分析

图13-1 液晶电视机系统控制电路的基本检测点

③ 当液晶电视机出现不能记忆频道故障时，首先检测微处理器的 I²C 总线信号是否正常。若其他 I²C 总线信号正常，而与存储器之间的 I²C 总线信号异常，则多为存储器损坏，应更换存储器。

④ 当液晶电视机背光灯不亮时，应重点检查微处理器是否输出正常的逆变器开启控制信号。若逆变器开关控制信号不正常，应重点查微处理器工作条件及其本身。

 提示

综上所述可知，对系统控制电路进行检修时，几个基本的工作条件是十分关键的检测点，另外就是几个主要的控制信号输入、输出端。主要检修要点如下。

① 查电源供电电压是否正常（MM502 的⑧脚 +5 V 供电）。

② 查复位端信号是否正常（MM502 的⑦脚）。

③ 查晶振端口的信号波形。正常时应有标准的正弦信号波形。

④ 查主 I²C 总线时钟信号输出及主 I²C 总线数据信号输入 / 输出信号波形（MM502 的⑬、⑭脚）。

⑤ 操作遥控器，查遥控输入信号引脚波形（MM502 的⑲脚）。

⑥ 按动操作按键，查键控输入引脚端电平变换。

⑦ 查微处理器输出的控制信号，如开机 / 待机信号、逆变器开关控制信号、指示灯控制信号、屏电源控制信号、静音控制信号等。

13.2 系统控制电路的检修方法

对液晶电视机系统控制电路的检修，可按照前面的检修分析及检测流程进行逐步检测，对损坏的元件或部件进行更换，即可完成对系统控制电路的检修。

13.2.1 微处理器的检修方法

微处理器作为液晶电视机整机控制核心，在满足其工作条件的前提下，接收指令或输入信号，输出各种控制信号，因此，判断微处理器性能，一般可先检测其供电、复位、晶振三大基本要素，在满足工作条件正常的前提下，检测接收的指令或输入信号、输出的控制信号等来判断好坏。

（1）微处理器三要素的检测方法

按图 13-2 所示，检测微处理器的直流供电电压。

若无直流电压，则应检测供电部分的相关元件及电源电路部分；若供电正常，则可进行下一步检测。

按图 13-3 所示，检测微处理器的复位信号。

若复位信号异常，应对复位电路中的相关元件进行检测。

按图 13-4 所示，检测微处理器的晶振信号。

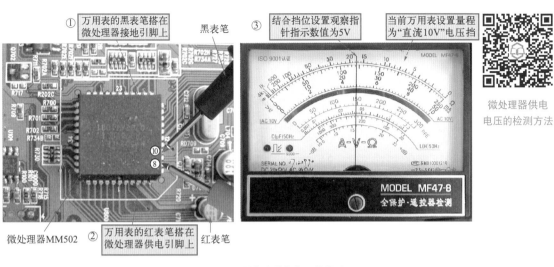

微处理器供电
电压的检测方法

图13-2　微处理器直流供电电压的检测

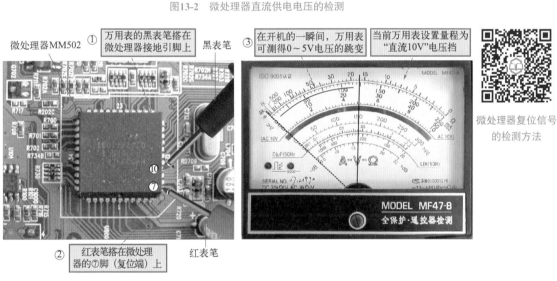

微处理器复位信号
的检测方法

图13-3　微处理器复位信号的检测

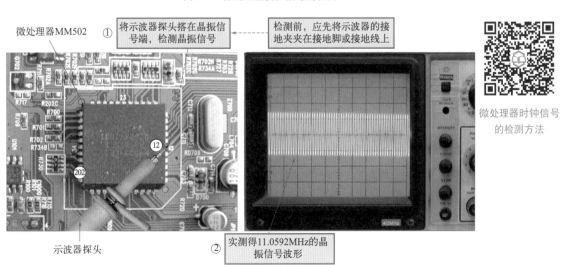

微处理器时钟信号
的检测方法

图13-4　微处理器晶振信号的检测

若晶振信号不正常，则应检测晶体及相关外围器件。

 提示

晶振信号是由晶体与微处理器内部振荡电路协作产生的，任何一部分异常都可能导致该信号异常，因此若实测时发现晶振信号异常，还需要进一步检查晶体及其外接的谐振电容器是否正常。

（2）微处理器的 I2C 总线信号的检测方法

I^2C 总线信号是微处理器与其他受控或关联器件进行信息传递的信号，该信号不正常，则大多数控制功能均会失常。

按图 13-5 所示，检测微处理器的 I^2C 总线信号。

① 将示波器探头搭在I²C总线数据信号端，检测I²C数据信号（SDA）

检测前，应先将示波器的接地夹夹在接地脚或接地线上

微处理器MM502

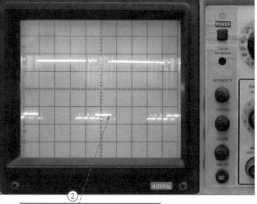

示波器探头

② 正常情况下，应可测得I²C总线数据信号的波形

③ 将示波器探头搭在I²C总线时钟信号端，检测I²C时钟信号（SCL）

检测前，应先将示波器的接地夹夹在接地脚或接地线上

微处理器MM502

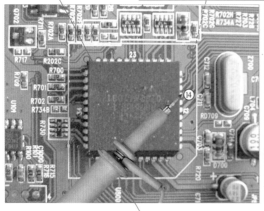

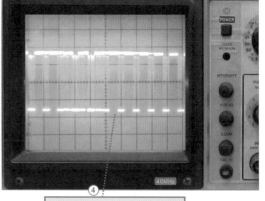

示波器探头

④ 正常情况下，应可测得I²C总线时钟信号的波形

图13-5　微处理器I²C总线信号的检测

若 I²C 总线数据信号不正常，微处理器无法对其他电路进行控制或数据传输。

（3）微处理器接收的指令信号或输入端信号的检测方法

按图 13-6 所示，检测送入微处理器的遥控信号。

微处理器遥控接收
信号的检测方法

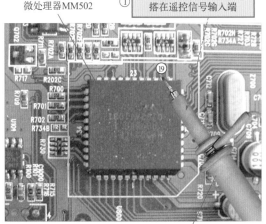

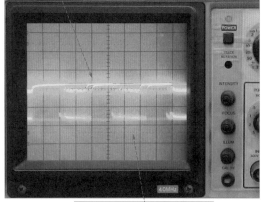

微处理器MM502

① 将示波器接地夹接地，探头搭在遥控信号输入端

③ 正常情况下，测得遥控信号波形

② 检测时需要同时操作遥控器

示波器探头

若无遥控信号，应检测遥控接收电路和遥控发射器部分

图13-6　遥控信号的检测

相
关
资
料

若微处理器无遥控信号输入，可首先观察遥控发射器是否正常。遥控发射器主要通过红外线来发射人工指令，而红外线是人眼不可见的，可通过数码相机（或带有摄像功能的手机）的摄像头观察遥控发射器是否能够发出红外光。

将遥控发射器的红外发光二极管对准相机的摄像头，操作遥控器上的按键，正常情况下，应可以看到明显的红外光，如图13-7所示。

直接观察不容易观测到遥控器发射的红外光，将遥控器红外发光二极管对准手机摄像头（未按动按键，无红外光发出）

按动遥控发射器上的操作按键，使用手机的摄像头功能可以观测到遥控发射器发出的红外光

遥控发射器

带摄像功能的手机

图13-7　遥控器的检测方法

按图 13-8 所示，检测送入微处理器的键控信号。

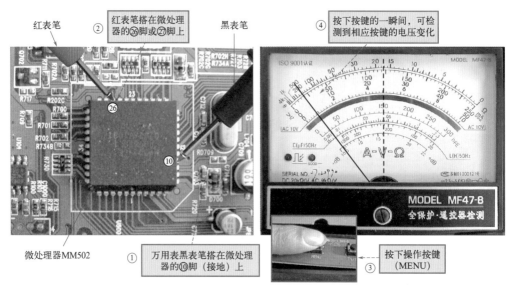

图13-8　键控信号的检测

💡 **提示**

微处理器MM502的㉖、㉗脚为键控信号输入端。当操作电视机前面板的按键时，由按键电路输出相应的模拟电压到微处理器的㉖、㉗脚，微处理器会根据电压值转换成相应的地址码，从存储器中取出相应的控制信息，从而完成相应的控制。操作按键的同时，用万用表检测这两个引脚的电压值即可判断键控电压是否正常。

（4）微处理器输出信号的检测方法

按图 13-9 所示，检测微处理器输出的开机 / 待机控制信号。

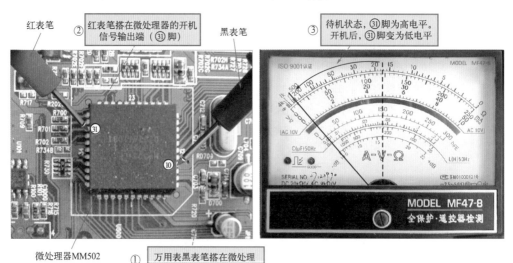

图13-9　开机/待机控制信号的检测

若液晶电视机从待机到开机状态变化时，③1 脚电平未发生变化，多为微处理器异常；若 ③1 脚电平变化正常，电视机仍不能开机，应检查 ③1 脚外接元件及开关电源电路部分。

按图 13-10 所示，检测微处理器输出的逆变器开关控制信号。

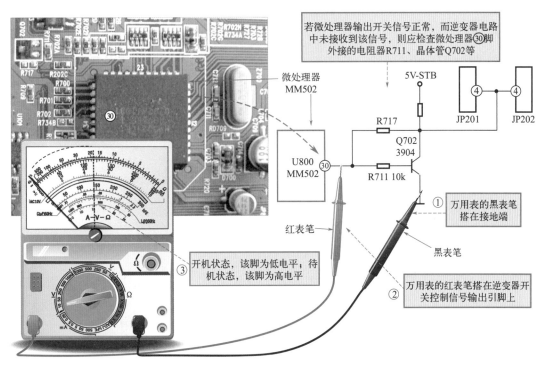

图13-10 逆变器开关控制信号的检测

按图 13-11 所示，检测微处理器输出的指示灯控制信号。

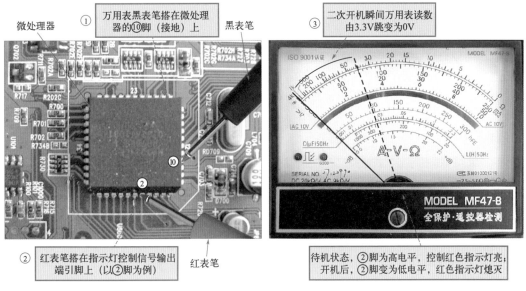

图13-11 指示灯控制信号的检测

提示

在开机瞬间②脚电压由+3.3 V跳变到0V，指示灯由红色变为绿色，说明微处理器②脚输出的控制信号正常。用同样的方法检测①脚电压的变化即可判断出①脚控制信号是否正常，这里不再重复。

相关资料

在检测微处理器这类大规模集成电路时，由于其引脚较密集，检测时很容易因表笔滑动引起引脚间短路，实际测试时，仔细观察电路板不难发现，微处理器各引脚外围设有测试点或接有阻容元件，可在测试点或阻容元件的引脚上进行测量，如图13-12所示。

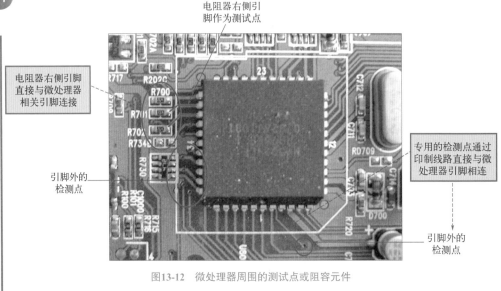

图13-12　微处理器周围的测试点或阻容元件

13.2.2　晶体的检修方法

晶体与微处理器内部振荡电路协作产生晶振信号，当检测晶振信号异常时，应进一步检查晶体本身是否正常。

判断晶体好坏，可采用万用表检测其引脚间阻值的方法，如图13-13所示。

一般正常情况下，晶体两引脚间的阻值应为无穷大。若实测有阻值或阻值较小，则说明晶体损坏。

提示

值得注意的是，虽然在正常情况下，晶体两引脚间的阻值应为无穷大，但若实测为无穷大，也不能明确说明晶体正常，因为如果晶体出现开路故障，也会导致测量结果为无穷大。在这种无法明确判别的情况下，可采用替换法，即将怀疑损坏的晶体用同规格的晶体替换，若替换后晶振信号恢复正常，则说明原晶体损坏。

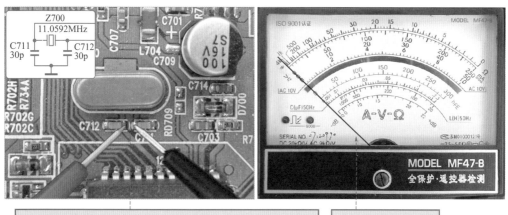

① 将万用表的红、黑表笔分别搭在晶体的两个引脚上（实测时可根据连接关系，搭在两个谐振电容与晶体连接端，可避免反转电路板找晶体引脚焊点）

在正常情况下，晶体两端的阻值为无穷大

图13-13　晶体的检测方法

13.3　系统控制电路检修案例

13.3.1　东芝液晶电视系统控制电路检修案例

东芝液晶电视机出现开机无反应、指示灯不亮的故障，说明整机不能进入工作状态。根据这一现象，首先怀疑开关电源电路和系统控制电路部分异常。

为了快速区分故障，明确故障范围属于开关电源电路还是系统控制电路，我们检修该类故障时首先采用排除法进行排查。即先将开关电源电路板与主电路板之间的连接引线拔掉，然后将开关电源电路与市电 220V 电压连接，将开关电源电路板输出插件中的微处理器开机信号引脚端对地短接（人为送入开机信号），检查此时开关电源电路直流低压输出正常。

开关电源电路输出正常，则可排除掉开关电源电路异常的情况，可将故障范围锁定在系统控制电路中。

接着，结合"不开机、指示灯不亮"故障类的检修经验进行判断。指示灯不亮，说明微处理器无信号输出，怀疑微处理器本身或微处理器工作条件不正常。

图 13-14 所示为待测东芝液晶电视机的系统控制电路。可以看到，该电路主要采用集成电路 QA01（TMP86FS49AUG）为主要的微处理器处理电路。它具有 64 个引脚，是整个液晶电视机的控制核心，每个引脚都有特定的控制功能。

根据前述分析，首先找到微处理器 QA01 的三大基本工作条件。

① 微处理器 QA01 的⑤脚为直流 5 V 供电端。若该电压不正常，则微处理器无法工作，可用万用表进行检测。

② 微处理器 QA01 的②、③脚为时钟信号端，外接晶体 XA01。若这两只引脚端无时钟信号波形，则微处理器也将无法进入工作状态，此时可能为微处理器本身损坏，也可能为晶体损坏，一般可采用替换法替换晶体，查验时钟信号是否恢复。

③ 微处理器 QA01 的⑧脚为复位端。在开机瞬间由复位电路 QA02 向微处理器送入复位信号，使微处理器进行初始化，准备进入工作状态。若该复位信号不正常，微处理器也将无法工作，一般可在开机瞬间用万用表检测复位端电平，正常应能够监测到电平跳变过程，否则多为复位电路异常，应更换。

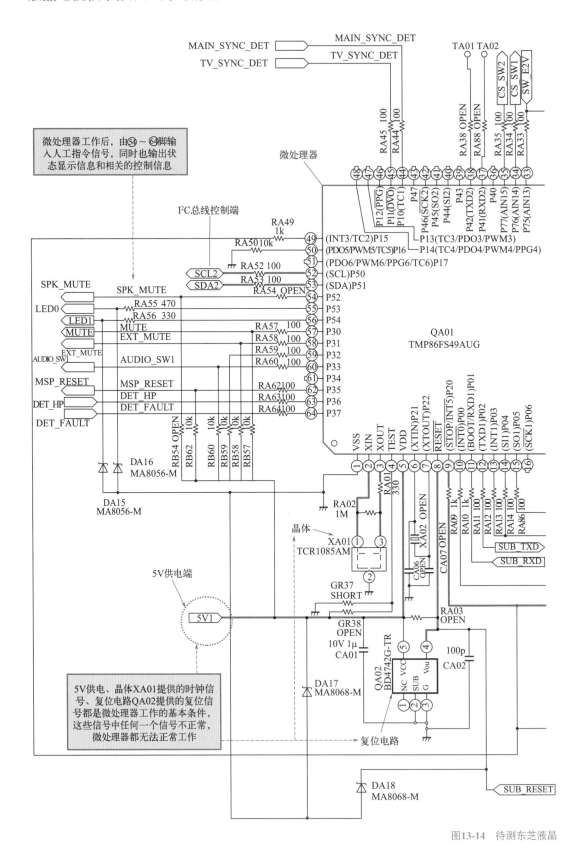

图13-14　待测东芝液晶

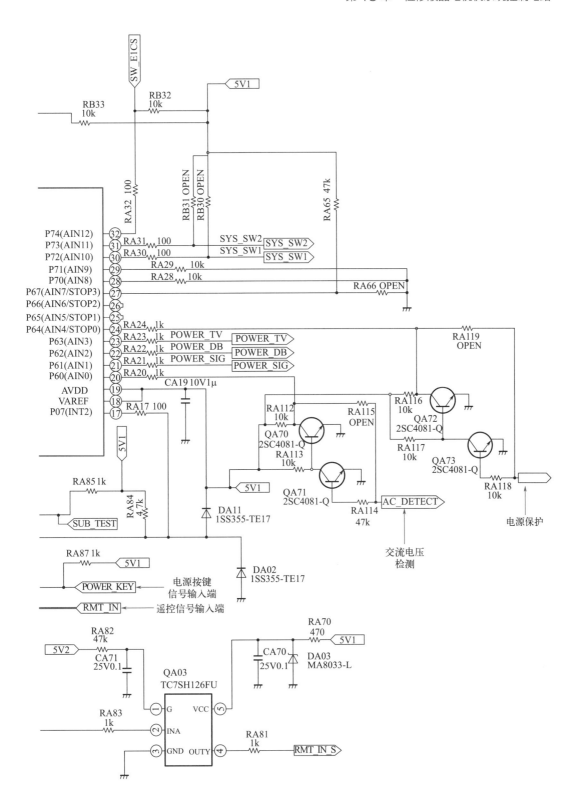

电视机的系统控制电路

对东芝液晶电视机开机无反应、指示灯不亮的故障，故障范围锁定在系统控制电路，故障的基本检修思路如图13-15所示。

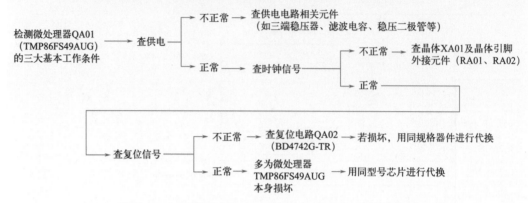

图13-15 东芝液晶电视机开机无反应、指示灯不亮故障检修思路

根据以上检修分析，我们首先检测微处理器 QA01（TMP86FS49AUG）的基本供电电压是否正常。

微处理器 QA01 基本供电电压的检测方法如图 13-16 所示。

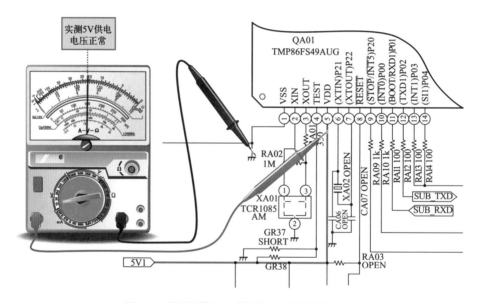

图13-16 微处理器QA01基本供电电压的检测方法

检测结果：正常。根据检修思路，接下来应检测微处理器 QA01 的时钟信号是否正常。

微处理器 QA01 时钟信号的检测方法如图 13-17 所示。

检测结果：正常。根据检修思路，接下来应检测微处理器 QA01 的复位信号是否正常。

微处理器 QA01 复位信号的检测方法如图 13-18 所示。

检测结果：开机瞬间无复位信号输出。根据检修思路，怀疑复位电路 QA02（BD4742G-TR）异常，用同规格的复位电路进行代换，通电试机，开机启动正常，故障排除。

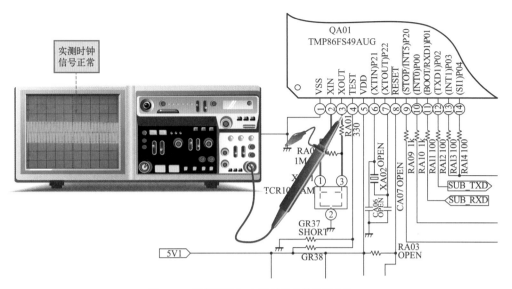

图13-17 微处理器QA01时钟信号的检测方法

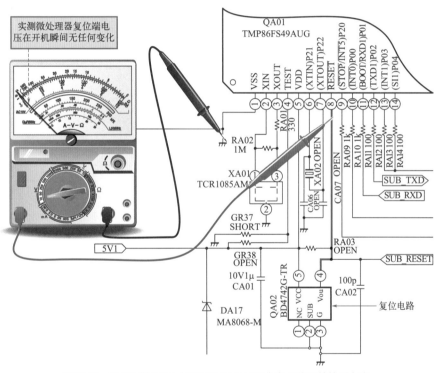

图13-18 微处理器QA01（TMP86FS49AUG）复位信号的检测方法

13.3.2 康佳液晶电视机系统控制电路检修案例

康佳液晶电视机通电开机后，有时不能进入工作状态，有时能进入工作状态，但调整的频段、频道以及音量等信息无法存储，每次开机后还需重新调整。

分析故障表现可知，该故障机出现无法存储频段、频道以及音量等信息的故障，根据这一现象，与存储数据信息相关的电路为系统控制电路部分，因此怀疑该液晶电视机的系统控制电路部分异常。

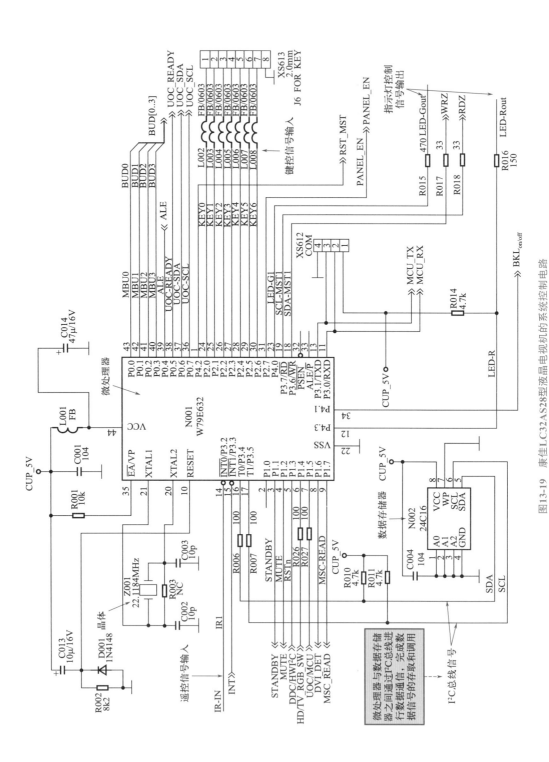

图13-19 康佳LC32AS28型液晶电视机的系统控制电路

图 13-19 所示为待测康佳液晶电视机的系统控制电路，该电路主要是由微处理器 N001
（W79E632）、存储器 N002（24C16）以及晶体 Z001 等组成的。

对该系统控制电路进行电路和检修分析如下。

① 微处理器 N001 的 ㊹ 脚为 5V 供电端，存储器 N002（24C16）的 ⑧ 脚为 5 V 供电端。
首先对 N001 和 N002 的供电电压进行检测，若供电电压不正常，则无法正常工作。

② 微处理器 N001 的 ⑳ 脚和 ㉑ 脚外接晶体 Z001，用来产生 22.1184 MHz 的时钟晶振信号。
首先对 N001 的时钟晶振信号进行检测，若不正常，则应检查晶体 Z001 和 N001 本身。

③ 微处理器 N001 的 ⑯ 脚和 ⑰ 脚为 I^2C 总线端，和存储器 N002 的 ⑤ 脚和 ⑥ 脚相连，用
来进行数据的传输。对 I^2C 总线信号进行检测，若信号不正常，则可能是微处理器 N001 损坏。
若 I^2C 总线信号正常，存储器 N002 无法正常工作，则可能是 N002 损坏。

 提示

　　结合上述分析过程可知，对康佳液晶电视机无法存储数据信息的故
障，故障范围锁定在系统控制电路中的存储器部分，故障的基本检修思路
如图 13-20 所示。

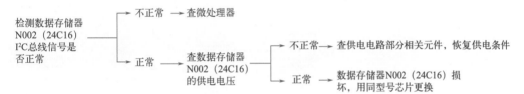

图13-20　康佳液晶电视机无法存储数据信息的故障检修思路

根据以上检修分析，我们首先检测数据存储器 N002 I^2C 总线端的信号是否正常。

数据存储器 N002 I^2C 总线端信号的检测方法如图 13-21 所示。

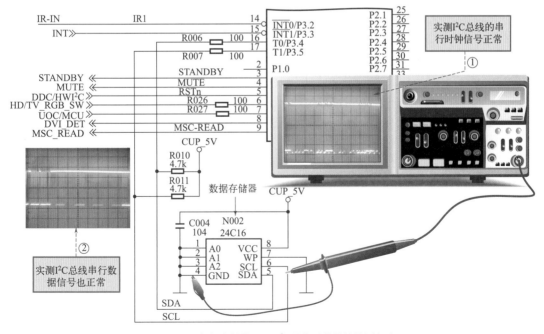

图13-21　数据存储器N002 I^2C总线端信号的检测方法

检测结果：正常。根据检修思路，接下来应检测数据存储器 N002 的供电电压是否正常。数据存储器 N002 供电电压的检测方法如图 13-22 所示。

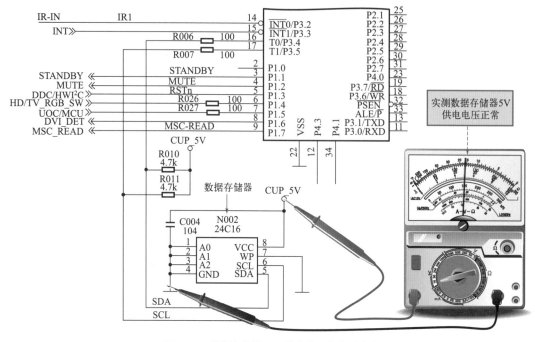

图13-22　数据存储器N002供电电压的检测方法

检测结果：正常。根据检修思路可知，这种情况，多为数据存储器 N002 本身损坏，应用同型号更换。有时存储器内部有短路情况也会引起 I²C 信号失常。

需要注意的是，用同型号的数据存储器更换后，还需要借助编程器向存储器中写入相应的程序数据，否则，数据存储器仍不能正常使用。

 提示

　　不同品牌、型号的液晶电视机中，数据存储器中的程序信息也有所不同，在遇到数据存储器损坏情况下，可首先从相同型号的、功能良好的液晶电视机的数据存储器中读出数据程序信息，然后再将这些信息通过编程器烧写到空白数据存储器中。

　　维修人员在维修实践中，也应注意收集和存储各种机型的数据存储器程序信息，养成积累、总结的工作习惯。

第14章 检修液晶电视机音频信号处理电路

14.1 音频信号处理电路的检修分析

14.1.1 音频信号处理电路的故障特点

音频信号处理电路是液晶电视机中的关键电路，该电路出现故障会引起液晶电视机出现无伴音、音质不好或有交流声等现象。对该电路进行检修时，可依据故障现象分析出产生故障的原因，并根据音频信号处理电路的信号流程对可能产生故障的部位逐一进行排查，图14-1所示为典型液晶电视机音频信号处理电路的测试点。

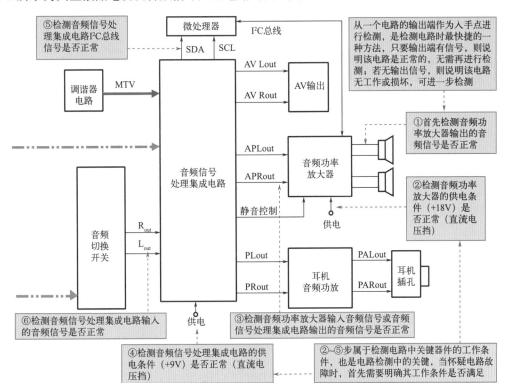

图14-1　典型液晶电视机音频信号处理电路的测试点

14.1.2 音频信号处理电路的检修流程

当怀疑液晶电视机音频信号处理电路出现故障时，一般可逆其信号流程从输出部分作为入手点逐级向前进行检测，信号消失的地方即可作为关键的故障点，再以此为基础对相应范围内的工作条件、关键信号进行检测，排除故障。

图 14-1 中的检修测试点是以 AV 接口输入信号时的测试点。液晶电视机的视频信号也可由不同的输入接口或插座送入，检修前应首先确认液晶电视机信号输入方式（检修时，通常使用影碟机作为信号源，由 AV1 接口提供输入信号），即采用何种信号输入通道，由不同通道输入信号后，检测部位及引脚不相同。音频信号处理集成电路的基本检修流程如图 14-2 所示。

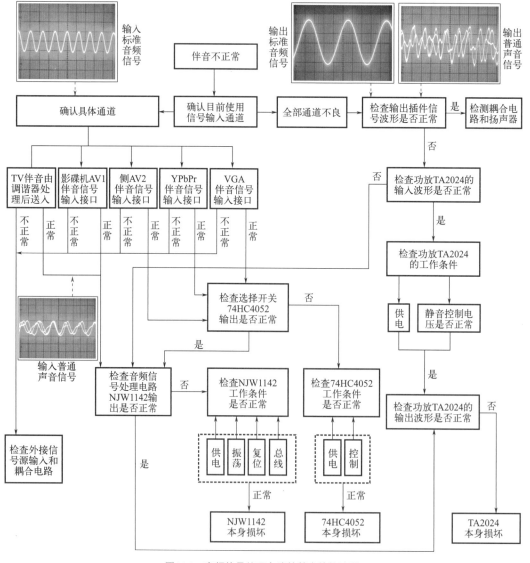

图14-2 音频信号处理电路的基本检修流程

14.2　音频信号处理电路的检修方法

对液晶电视机音频信号处理电路的检修，可按照前面的故障特点及检修流程进行逐步检测，对损坏的元件或部件进行更换，即可完成对音频信号处理电路的检修。

14.2.1　音频集成电路的检修方法

结合音频信号处理电路的信号处理流程，检测音频集成电路的性能，主要对其输出端音频信号、输入端音频信号和供电条件进行检测和判断。

按图 14-3 所示，检测音频信号处理集成电路输出的音频信号波形。

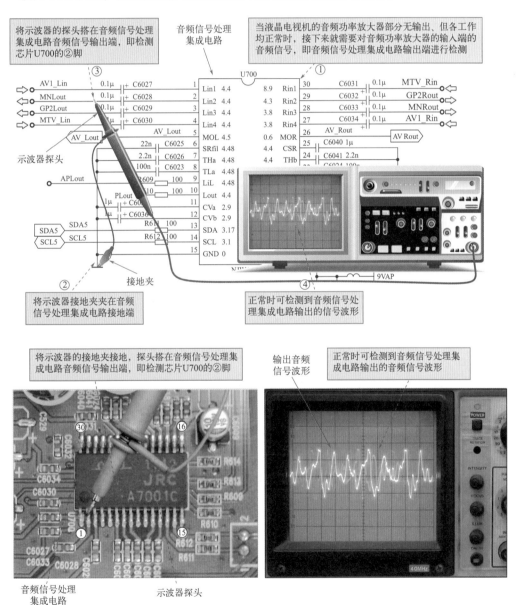

图14-3　检测音频信号处理集成电路输出的音频信号波形

若检测到无音频信号输出或某一路无输出，则说明该电路前级电路可能出现故障，需要进行下一步检测。若检测音频信号输出电路输出信号正常，则应继续检查音频功率放大器。

 提示

　　音频功率放大器接在音频信号处理集成电路的输出端，因此，检测音频信号处理集成电路的输出端，也就相当于检测音频功率放大器的输入端。若音频信号处理集成电路的输出端信号正常，而音频功率放大器的输入端无信号，则可确定为连接线路中的元件存在断路故障；若音频功率放大器的输入端信号正常，工作条件也正常，仍无输出，则多为音频功率放大器损坏，用同型号集成电路进行代换即可排除故障。

按图 14-4 所示，检测音频信号处理集成电路的供电电压。

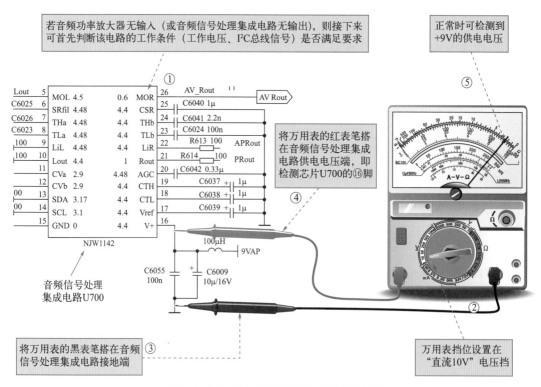

图14-4　检测音频信号处理集成电路的供电电压

直流供电是音频信号处理集成电路的基本工作条件之一。若无供电电压，即使音频信号处理集成电路本身正常，也将无法工作，应对供电部分进行检修；若供电电压正常，而仍无输出，则应进行下一步检修。

提示

不同结构液晶电视机，音频信号处理集成电路采用的集成芯片型号不同，具体的工作电压也不相同，但其检测的方法基本相同。

I^2C总线信号正常是满足音频信号处理集成电路正常工作的重要条件。音频信号处理集成电路通过I^2C总线与微处理器进行数据传输，受微处理器控制。

若音频信号处理电路输入的I^2C总线信号正常，则可满足音频信号处理集成电路工作需要；若音频信号处理电路输入的I^2C总线信号不正常，则不能满足音频信号处理集成电路的工作需要，需要对I^2C总线信号进行检测。

按图14-5所示，检测音频信号处理集成电路输入端的音频信号波形。

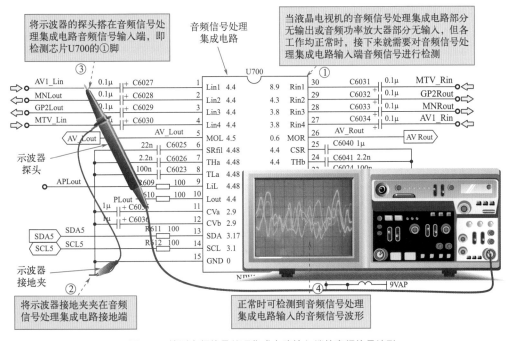

图14-5 检测音频信号处理集成电路输入端的音频信号波形

若检测两路输入均正常，且前述检测工作条件也正常，而集成电路仍无输出，则多为音频信号处理集成电路本身损坏；若检测输入端无信号，则说明前级电路可能出现故障，需要对前级电路进行进一步的检查。

14.2.2　音频功率放大器的检修方法

判断音频功率放大器好坏也可通过检测其输入端、输出端和工作条件的方法，音频功率放大器输入端的信号来自前级音频信号处理集成电路的输出端，信号波形相同，这里不再重复检测。

按图 14-6 所示，对音频功率放大器输出的音频信号进行检测。

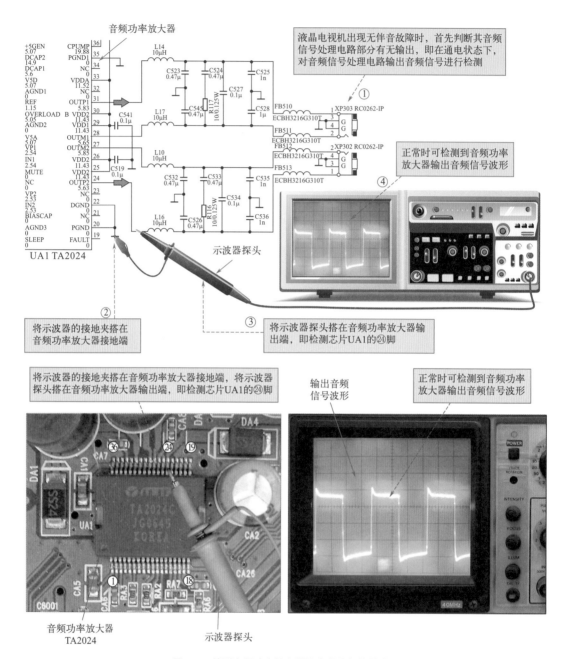

图14-6　检测音频功率放大器输出的音频信号波形

<table>
<tr><td>相
关
资
料</td><td>　　由于音频功率放大器 TA2024 为数字音频功放，直接检测其输出端信号时，测得为数字音频信号波形，该信号经后级电感器、电容器滤波后变为模拟音频信号送到扬声器上。若液晶电视机中采用普通功率放大器，则在其输出端应测得普通的音频信号波形，如图14-7所示。</td></tr>
</table>

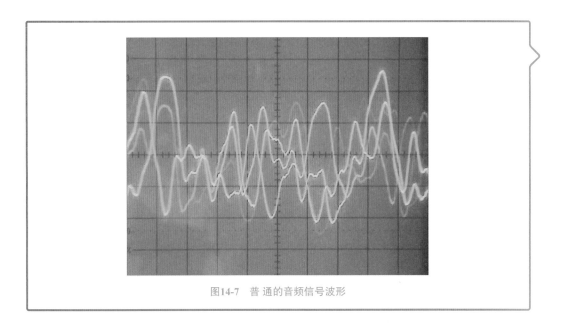

图14-7 普 通的音频信号波形

按图 14-8 所示，检测音频功率放大器供电电压。

将万用表的红表笔搭在音频功率放大器供电电压端，即芯片㉕脚、㉖脚、㉙脚、㉚脚、㉝脚、㊱脚

若音频功率放大器无音频信号输出，则接下来可首先判断该电路的工作条件（工作电压）是否满足要求

正常时可检测到12V的供电电压

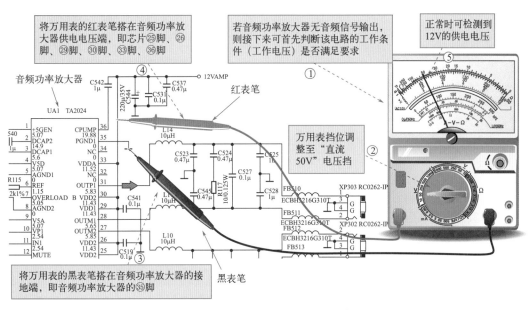

万用表挡位调整至"直流50V"电压挡

将万用表的黑表笔搭在音频功率放大器的接地端，即音频功率放大器的㉟脚

图14-8 检测音频功率放大器的供电电压

直流供电是音频功率放大器部分的基本工作条件之一。若无供电电压，即使音频功率放大器部分本身正常，也将无法工作；若供电正常，而仍无输出，则应进一步检测。

 提示

不同结构的液晶电视机，其音频信号处理电路中选用的音频功率放大器型号不同，具体的工作电压也有所不同，但其检测的方法基本都相同。

在上述检测中，若检测音频功率放大器工作条件正常，但无输出，则接下来可检测一下音频功率放大器输入端的音频信号。若输入也正常，仍无输出，则多为音频功率放大器部分故障；若输入信号不正常，则应对前级音频信号处理集成电路部分进行检查。

14.2.3　扬声器的检修方法

扬声器损坏将直接导致液晶电视机无声故障，可借助万用表检测扬声器阻值的方法判断其好坏。

图14-9为扬声器的检测方法。

① 将万用表的量程旋钮调至欧姆挡，红、黑表笔分别搭在扬声器线圈的两个接点上

② 测得直流阻值为11.4Ω，略小于标称交流阻值

图14-9　扬声器的检测方法

在正常情况下，用万用表的欧姆挡检测扬声器的阻值为直流阻值，该值应略小于标称阻值（标称阻值为交流阻值，即在交流信号驱动下呈现的阻值）。若实测阻值为无穷大，表明扬声器已损坏，应用同规格扬声器进行代换，故障排除。

14.3　音频信号处理电路检修案例

14.3.1　厦华液晶电视机音频信号处理电路检修案例

厦华液晶电视机音频信号处理电路出现故障，常会出现打开液晶电视机后，图像正常，左扬声器无声，开大音量只有电流声的情况。

图14-10为待测厦华液晶电视机音频信号处理电路的结构。

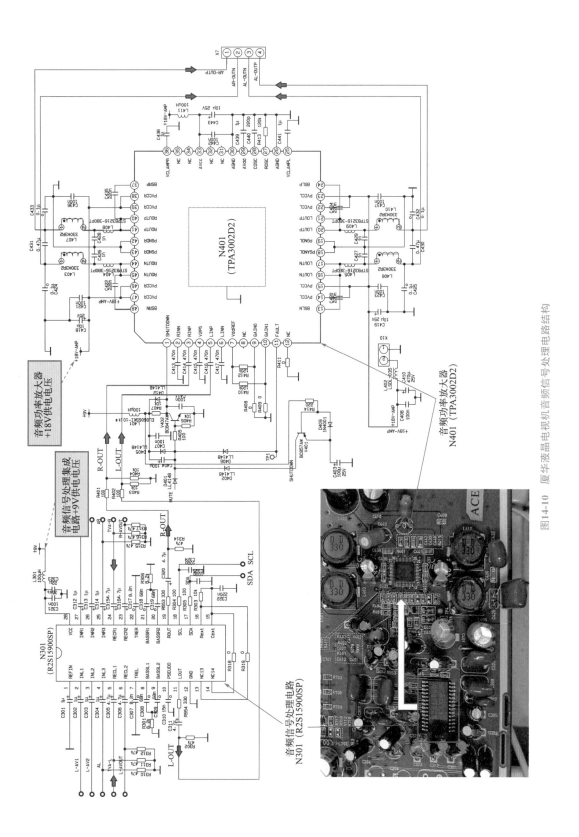

图14-10 厦华液晶电视机音频信号处理电路结构

按图 14-11 所示，根据故障现象，结合电路图纸确定检修流程。

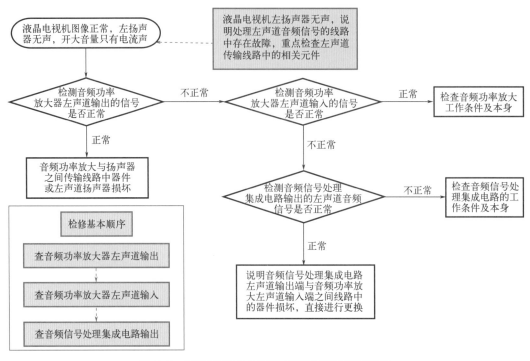

图14-11　厦华液晶电视机的音频信号处理电路信号流程

按图 14-12 所示，检测音频功率放大器左声道音频信号输出端信号。

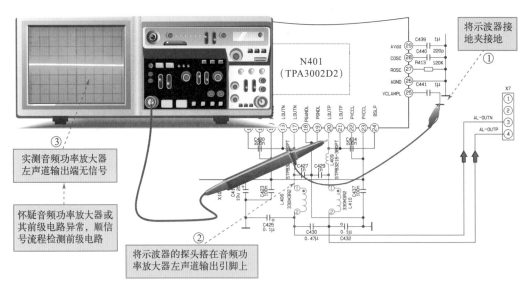

图14-12　检测音频功率放大器左声道音频信号输出端信号

按图 14-13 所示，检测音频功率放大器左声道音频信号输入端信号。

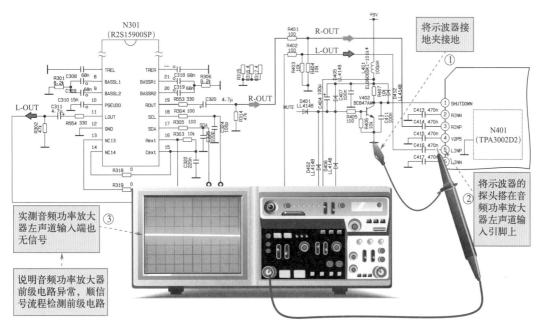

图14-13　检测音频功率放大器左声道音频信号输入端信号

按图14-14所示，检测音频信号处理成电路左声道音频信号输出端的信号。

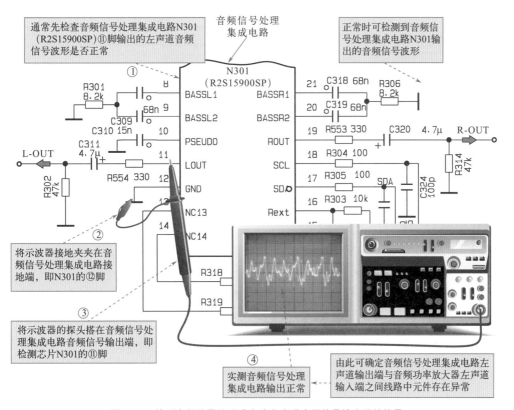

图14-14　检测音频信号处理成电路左声道音频信号输出端的信号

音频信号处理集成电路 N301 左声道输出端与音频功率放大器左声道输入端之间线路中的器件有 R554、C311，经检测发现电阻器 R554 阻值为无穷大，说明该电阻器已断路，更换后故障排除。

14.3.2　海信液晶电视机音频信号处理电路检修案例

海信液晶电视机开机后，图像正常，无伴音。针对这一现象，首先怀疑与音频信号处理电路相关的电路，即音频信号处理芯片、音频功率放大器出现异常，因此，在检修前首先要了解一下，该故障机音频信号处理电路的基本电路关系和结构。

图 14-15 所示为待测海信液晶电视机音频信号处理电路。

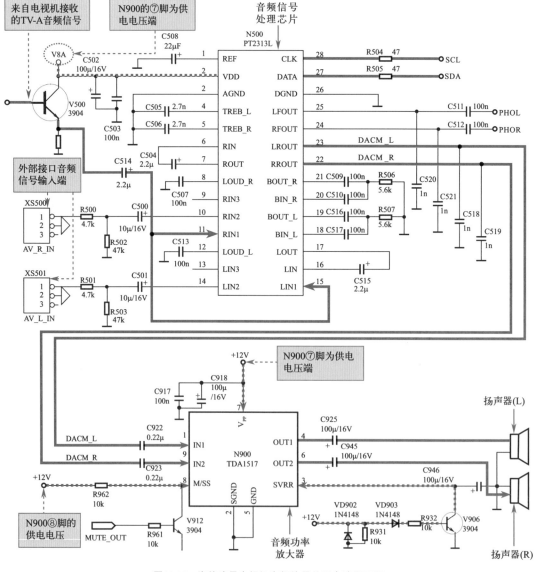

图14-15　海信液晶电视机音频信号处理电路原理图

由图 14-15 可知，该电路主要是由音频信号处理芯片和音频功率放大器构成的。该机音频信号处理电路中，来自电视机接收的 TV-A 音频信号经 V500 放大后，分别送入音频信号处理芯片 N500（PT2313L）的 ⑪ 脚、⑮ 脚。

经音频信号处理芯片 N500 处理后的左（L）、右（R）音频信号，由其 ㉓ 脚和 ㉒ 脚分别送往音频功率放大器 N900（TDA1517）的①脚和⑨脚。左、右音频信号在 N900 中经功率放大器放大后由④脚、⑥脚输出，去驱动左、右扬声器。

具体检修时，首先检测音频功率放大器 N900 输出的音频信号波形是否正常，若有信号，则表明音频功率放大器正常；若 N900 无信号输出，为了进一步确定故障点，接下来需要对 N900 的输入进行检测。若输入正常，则表明音频功率放大器本身损坏，若无输入，则说明音频信号处理电路和音频功率放大器之间有元件损坏。

相关资料

在检修音频信号处理电路时，若对音频信号处理芯片和音频功率放大器的内部功能框图有所了解，就可以对信号的输入、输出能够进行准确的判断，并进行检测。

图14-16所示为音频功率放大器TDA1517的内部功能框图。通过其内部功能框图可清晰地了解其功能，同时对故障检修也很有帮助。

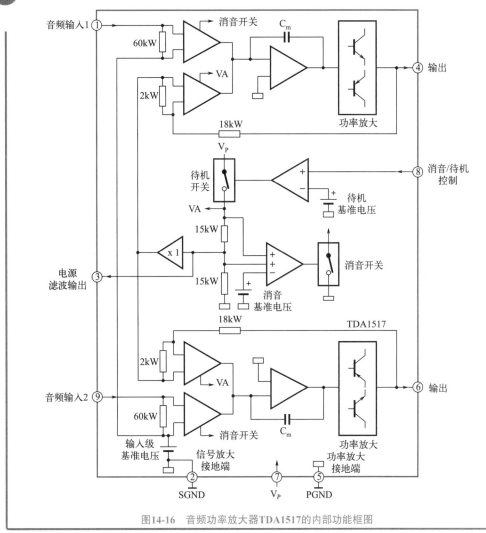

图14-16　音频功率放大器TDA1517的内部功能框图

根据以上检修分析，首先检测音频功率放大器左声道音频信号输出端的信号波形是否正常。

音频功率放大器 N900 左声道音频信号输出端的信号波形的检测方法如图 14-17 所示。

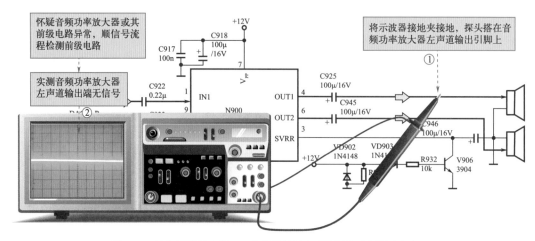

图14-17　音频功率放大器N900音频信号输出端信号波形的检测方法

检测结果：无输出。根据检修分析，接下来应检测音频功率放大器 N900 音频信号输入端信号波形。

音频功率放大器 N900 音频信号输入端的信号波形的检测方法如图 14-18 所示。

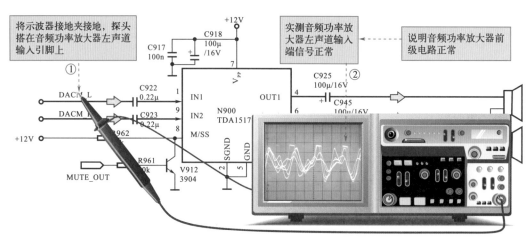

图14-18　音频功率放大器N900音频信号输入端的信号波形的检测方法

输入端的音频信号波形正常，怀疑音频功率放大器损坏，更换后故障排除。

第15章　检修液晶电视机开关电源电路

15.1　开关电源电路的检修分析

15.1.1　开关电源电路的故障特点

开关电源电路出现故障经常会引起液晶电视机出现花屏、黑屏、屏幕有杂波、通电无反应、指示灯不亮等现象，对该电路进行检修时，可依据故障现象分析出产生故障的原因，并根据开关电源电路的信号流程对可能产生故障的部位逐一进行排查。

开关电源电路故障，主要体现在无电压或电压异常，一般可从以下几个方面入手。

（1）开关电源输出端无任何电压

开关电源输出端无任何电压说明开关电源故障或开关电源未进入工作状态。这种情况可能为开关电源有部件损坏，可结合开关电源工作流程逐一检测，排查故障；也可能是电源的负载异常，导致开关电源保护而无输出，这种情况需要排查负载故障。

（2）开关电源输出端其中一路或两路输出不正常

开关电源输出端其中一路输出不正常，其他正常，说明开关电源已工作，这种故障比较典型，可直接针对无输出一路的次级整流滤波电路，即整流二极管、滤波电容等进行检测。

（3）开关电源输出端电压不稳

开关电源输出端电压不稳，稳压电路故障，应对稳压控制部分进行检测，包括误差检测放大器、光电耦合器、误差取样电阻等。

（4）开关电源中无 +300V 电压

+300V 电压是开关电源电路中非常重要的一个电压值，该电压是交流输入电压经桥式整流后输出的。若无 +300V 电压，则应重点检测交流输入和桥式整流电路部分。

15.1.2　开关电源电路的检修流程

图 15-1 所示为液晶电视机开关电源电路的检修流程图。

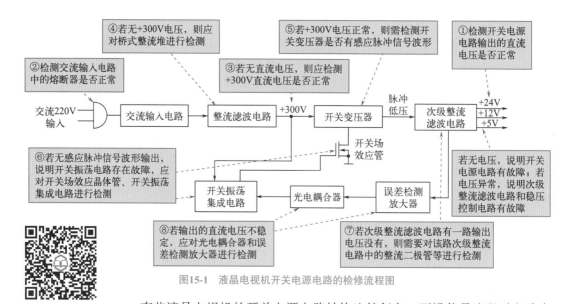

图15-1　液晶电视机开关电源电路的检修流程图

电源电路的
检修分析

有些液晶电视机的开关电源电路结构比较复杂，可沿信号流程对电路中的主要功能部件进行检测，如图15-2所示。

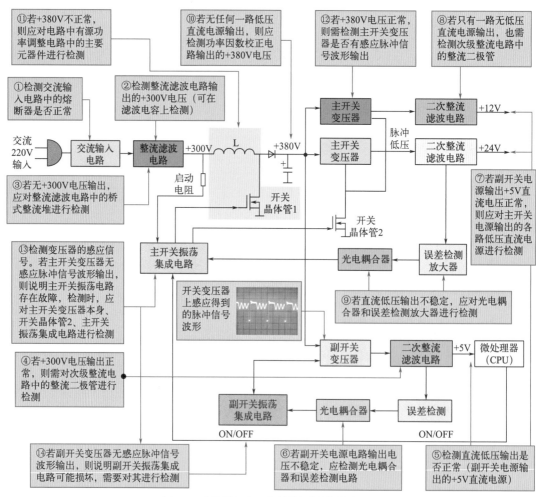

图15-2　结构较复杂开关电源电路的检修流程图

15.2 开关电源电路的检修方法

对于液晶电视机开关电源电路的检测，可使用万用表或示波器测量待测液晶电视机的开关电源电路，然后将实测值或波形与正常的数值或波形进行比较，即可判断出开关电源电路的故障部位。

15.2.1 开关电源电路输出端电压的检测方法

开关电源电路输出端电压是检测开关电源电路时的首要入手点，也是判断开关电源电路是否工作的关键点。

首先，按图15-3所示，对开关电源电路输出的直流低压进行检测（以12V为例）。

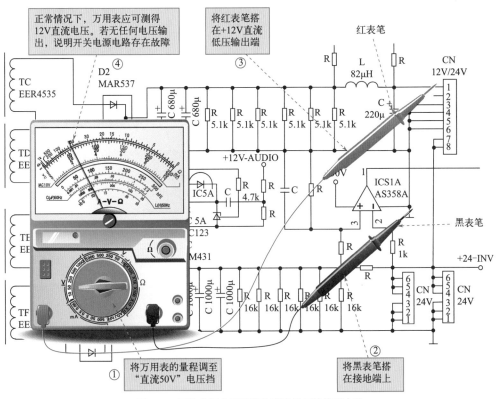

图15-3 开关电源电路输出的直流低压的检测方法

当检测开关电源电路输出端有电压且电压正常，说明整个开关电源电路工作正常；当输出端无电压或电压异常时，则可初步判断开关电源电路损坏或未进入工作状态，接下来再逐步检测，排查故障。

15.2.2 开关电源电路熔断器的检修方法

熔断器是开关电源电路中的易损元件，当电路出现短暂的短路故障时，熔断器熔断，起到保护电路作用。因此，若检测开关电源输出端无任何电压，可先排查熔断器有无熔断情况。按图15-4所示，观察和检测熔断器。

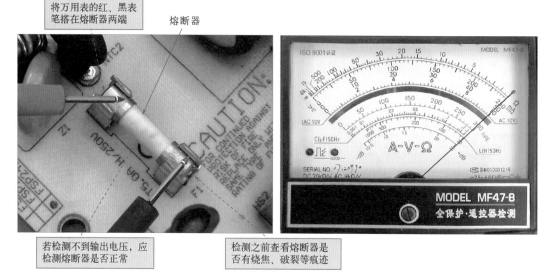

将万用表的红、黑表
笔搭在熔断器两端

熔断器

若检测不到输出电压，应
检测熔断器是否正常

检测之前查看熔断器是
否有烧焦、破裂等痕迹

图15-4　熔断器的检测方法

正常情况下，万用表测得的阻值趋于零。若测得的阻值较大，说明熔断器已损坏。

15.2.3　开关电源+300V直流电压的检测方法

300V直流电压的
检测方法

　　+300V直流电压是开关电源电路内部关键的判别点，用于区分故障是在交流输入和整流滤波部分还是后级的开关振荡部分。

　　+300V直流电压一般可在开关电源电路中最大的滤波电容上或桥式整流堆输出端测得，如图15-5所示。

滤波电容正极

滤波电容负极

正常情况下，万用表可测得
300V的直流电压

③

②

①

红表笔搭在滤波
电容正极引脚上

黑表笔搭在滤波
电容负极引脚上

图15-5　+300V直流电压的检测方法

　　若无+300V电压，则应对前级电路进行检测。无+300V电压输出时，在熔断器正常的前提下，以桥式整流堆出现故障较为常见。

提示

　　在开关电源电路检测中，对于无任何电压输出的情况，检测电路中300V滤波电容处的+300V电压十分关键。一般，若+300V电压正常，无输出时，故障多是由开关振荡电路部分引起的；若+300V电压不正常，故障多是由交流输入和整流滤波电路部分引起的，以此作为入手点可有效缩小故障范围。

15.2.4　桥式整流堆的检修方法

　　桥式整流堆损坏将导致其输出端无+300V电压，一般可通过检测其输入和输出端电压来判断好坏。按图15-6所示，对桥式整流堆进行检测。

桥式整流堆的
检测方法

桥式整流堆
输出端正极

桥式整流堆
输出端负极

③ 正常情况下，万用表可测得+300V的直流电压

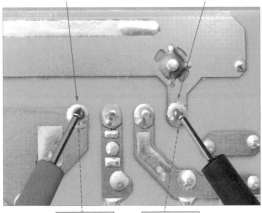

② 红表笔搭在正极引脚上

黑表笔搭在负极引脚上 ①

桥式整流堆输入端

① 红、黑表笔搭在输入端引脚上

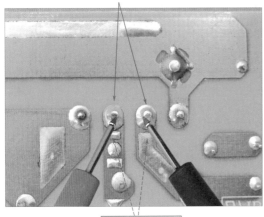

正常情况下，万用表可测得220V的交流电压

图15-6　桥式整流堆的检测方法

若测得的输入电压不正常，说明交流输入电路存在故障；若测得的输出电压不正常，输入电压正常，说明桥式整流堆可能损坏。

相关资料

判断桥式整流堆的好坏，还可以采用电阻测量法进行判断。将桥式整流堆从电路上拆下，使用万用表对其进行检测，正常情况下，其交流输入端的正反向电阻值均为无穷大，输出端的正向阻抗可测得一定的电阻值，反向阻抗应趋于无穷大，如图15-7所示。若检测值与标准值偏差太大，则证明桥式整流堆已经损坏。

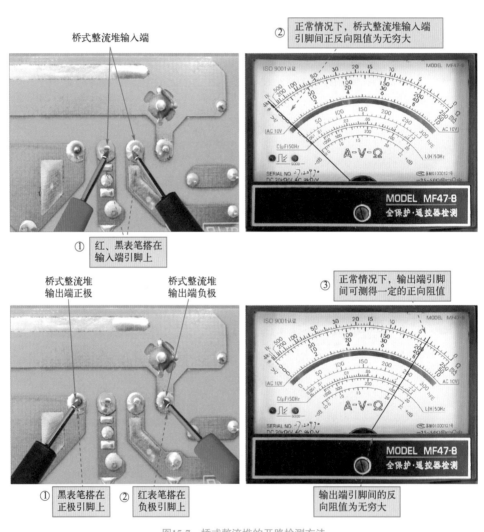

图15-7　桥式整流堆的开路检测方法

另外，若测得+300V直流电压不正常，也有可能是300V滤波电容器损坏造成的。此时，可在开路的状态下检测电容器阻值来确定其是否损坏。测量时，可将万用表调至欧姆挡，然后将表笔分别接触滤波电容器两端的引脚，正常情况下，万用表的指针会有一个摆动的过程，然后再摆至无穷大的位置上。若检测时发现引脚间的阻值趋于零，或无充放电的过程，则滤波电容可能已损坏。

15.2.5 开关变压器的检修方法

检测开关变压器好坏，可通过示波器感测法，即用示波器探头靠近开关变压器，正常情况下应可感测到明显的信号波形。

按图 15-8 所示，对开关变压器的感应信号波形进行检测。

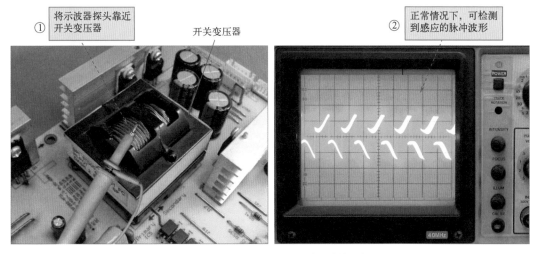

图15-8 开关变压器的感应信号波形的检测方法

若信号波形不正常，说明开关振荡电路存在故障。

 提示

　　若实测开关变压器无感应信号波形，则说明开关电源未起振，接下来应重点检测开关振荡电路中的开关场效应晶体管及开关振荡集成电路部分。

 相关资料
　　开关变压器的好坏，还可以用万用表的欧姆挡进行判断，正常的情况下，开关变压器初级绕组的两引脚之间的阻值趋于零，其次级相连引脚间的阻值也趋于零。若相连引脚间的阻值有趋于无穷大的情况，则证明开关变压器内部有断路的故障。开关变压器不相连引脚间的阻值应趋于无穷大，若测量时发现有趋于零的现象，则证明内部有短路的现象。

15.2.6 开关场效应晶体管的检修方法

开关场效应晶体管是开关电源电路中的易损部件，该场效应管损坏，将直接导致开关电源电路不振荡无任何输出的故障。

按图 15-9 所示，对开关场效应晶体管进行检测。

若测得的阻值不正常，说明该开关场效应晶体管已损坏。

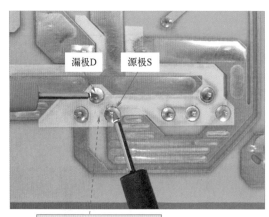

① 红、黑表笔分别搭在场效应晶体管漏极D和源极S上

② 正常情况下，漏极D和源极S之间的正反向阻抗都为6kΩ。若测得的阻值不正常，说明场效应晶体管已损坏

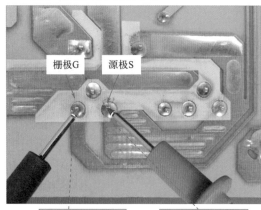

① 黑表笔搭在场效应晶体管栅极G上　② 红表笔搭在场效应晶体管源极S上

③ 正常情况下，万用表可测得一定的阻值

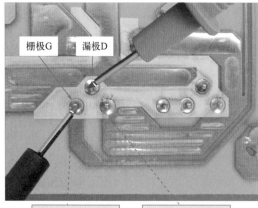

① 黑表笔搭在场效应晶体管栅极G上　② 红表笔搭在场效应晶体管漏极D上

③ 正常情况下，万用表可测得一定的阻值

图15-9　开关场效应晶体管的检测方法

15.2.7　开关振荡集成电路的检修方法

开关振荡集成电路与开关场效应晶体管配合工作，若之前检测开关场效应晶体管正常，

但开关电源仍不起振，则需要对开关振荡集成电路进行检测。

按图 15-10 所示，对开关振荡集成电路进行检测（以有源功率调整驱动集成块 IC3 为例）。

① 黑表笔搭在集成电路的⑥脚（接地端）上，红表笔搭在⑧脚上

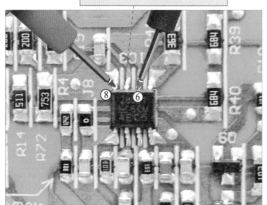

② 正常情况下，可测得12V的供电电压。若电压不正常，应对供电电路进行检测

① 黑表笔搭在集成电路的⑥脚（接地端）上，红表笔搭在⑦脚上

② 正常情况下，万用表可测得0.7V左右的电压

① 黑表笔搭在集成电路的⑥脚（接地端）上，红表笔搭在①脚上。对集成电路各引脚的正向阻抗进行检测

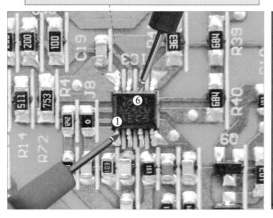

② 正常情况下，①脚的正向阻值为6kΩ，采用同样的方法检测其他引脚的正反向阻值

图15-10　开关振荡集成电路的检测方法

若集成电路供电正常，没有输出电压，说明该集成电路可能损坏，需对其引脚阻值做进一步检测。

若检测各引脚对地阻值后，发现多数引脚为零或无穷大，说明该集成电路已损坏。

 提示

正常情况下，测得有源功率调整驱动集成块IC3（UCC28051）各引脚的正反向电阻值见表15-1。

表15-1　UCC28051各引脚的正反向电阻值

引脚号	正向阻值（黑笔接地）/Ω	反向阻值（红笔接地）/Ω	引脚号	正向阻值（黑笔接地）/Ω	反向阻值（红笔接地）/Ω
①	6 × 1k	11 × 1k	⑤	6.5 × 1k	15 × 1k
②	7.5 × 1k	2 × 10k	⑥	0	0
③	7.5 × 1k	14 × 1k	⑦	6.5 × 1k	26 × 1k
④	4 × 100	4 × 100	⑧	6 × 1k	3.5 × 10k

电源调整输出驱动集成电路IC1（L6598D）各引脚的正反向电阻值见表15-2。

表15-2　L6598D各引脚的正反向电阻值

引脚号	正向阻值（黑笔接地）/Ω	反向阻值（红笔接地）/Ω	引脚号	正向阻值（黑笔接地）/Ω	反向阻值（红笔接地）/Ω
①	8 × 1k	5 × 10k	⑨	0	0
②	7 × 1k	14 × 1k	⑩	0	0
③	7.5 × 1k	2.5 × 10k	⑪	6.5 × 1k	26 × 1k
④	8 × 1k	1.8 × 10k	⑫	5 × 1k	2 × 10k
⑤	9 × 1k	7 × 10k	⑬	∞	∞
⑥	1.5 × 1k	1.5 × 1k	⑭	5 × 1k	15 × 10k
⑦	11 × 1k	∞	⑮	14 × 1k	20 × 10k
⑧	5 × 1k	7.5 × 1k	⑯	5 × 1k	∞

待机5V产生驱动集成电路IC2（TEA1532）各引脚的正反向电阻值见表15-3。

表15-3　TEA1532各引脚的正反向电阻值

引脚号	正向阻值（黑笔接地）/Ω	反向阻值（红笔接地）/Ω	引脚号	正向阻值（黑笔接地）/Ω	反向阻值（红笔接地）/Ω
①	5.2 × 1k	∞	⑤	9 × 1k	10 × 1k
②	0	0	⑥	7.2 × 1k	5 × 1k
③	8 × 1k	2 × 10k	⑦	5.2 × 1k	4 × 1k
④	7 × 1k	9 × 1k	⑧	5.8 × 1k	∞

15.2.8 次级整流二极管的检修方法

次级整流输出部分的整流二极管损坏会导致开关电源这一路无输出，但其他各路输出正常的故障，属于典型的次级输出电路部分异常故障。

按图 15-11 所示，对次级整流滤波电路进行检测（以检测整流二极管为例）。

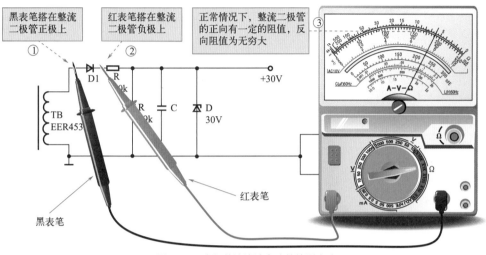

图15-11 次级整流滤波电路的检测方法

若测得阻值不正常，说明整流二极管已损坏；若整流二极管正常，需要对该电路中的其他元器件进行检测。

15.2.9 光电耦合器的检修方法

液晶电视机稳压电路中的光电耦合器异常会导致开关电源电路出现输出电压不稳情况。按图 15-12 所示，对直流稳压控制电路中的光电耦合器进行检测。

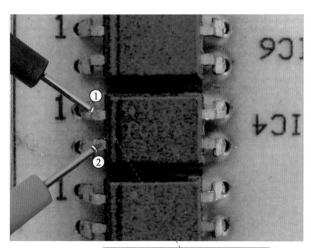

① 黑表笔搭在光耦的①脚上，红表笔搭在②脚上，检测正向阻值

图15-12

② 正常情况下，①、②脚之间的正向阻值为 5.5kΩ，反向阻值为无穷大

③ 红黑表笔任意搭在光耦的③、④脚上，检测正反向阻值

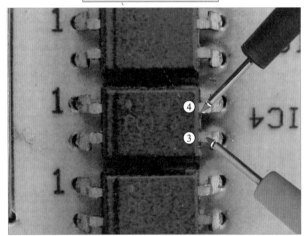

④ 正常情况下，③、④脚之间的正反向阻值都为无穷大

图15-12 直流稳压控制电路中光耦的检测方法

若所测结果与正常值相差较大，则证明光电耦合器已经损坏。

💡 **提示** ❯❯❯

为防止外围元器件的干扰，最好先将光电耦合器从电路上焊下，再对其进行检测。

15.3 开关电源电路检修案例

15.3.1 厦华液晶电视机开关电源电路检修案例

液晶电视机开关电源电路出现故障时，常会出现不开机、整机无图像、无声音、无指示灯、开机后直接待机保护等故障现象。图 15-13 为待测厦华液晶电视机的开关电源电路。

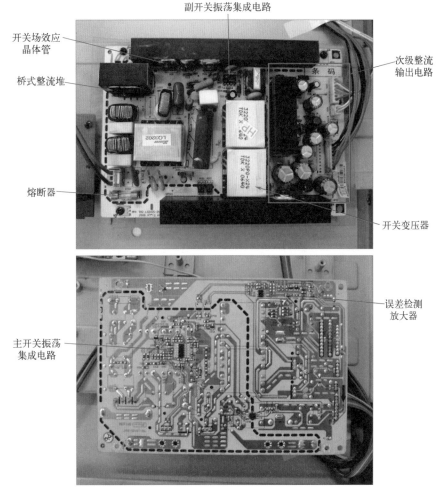

图15-13

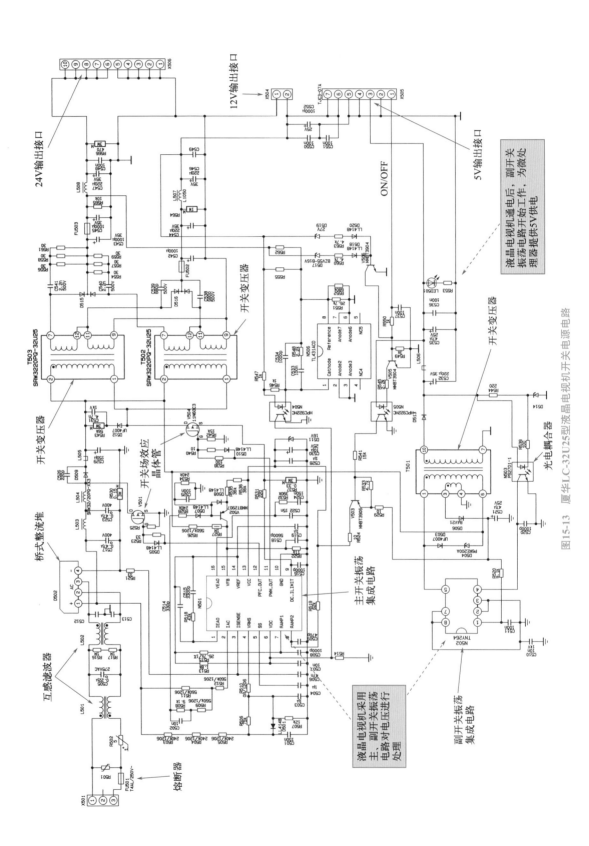

图15-13　厦华LC-32U25型液晶电视机开关电源电路

该故障机出现"通电指示灯不亮，无法开机"的故障。按图 15-14 所示，根据故障表现，结合电路图确立检修流程。

按图 15-15 所示，检测直流输出电压（以 +5V 电压为例）。

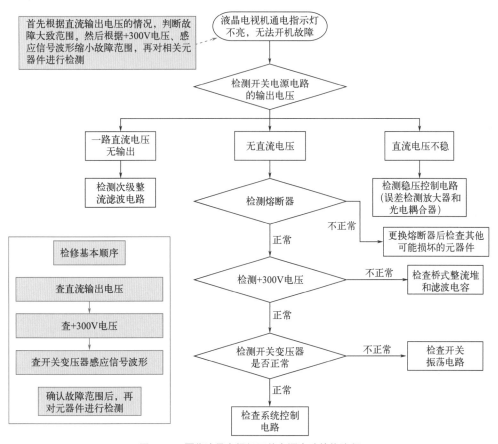

图15-14　厦华液晶电视机开关电源电路检修流程

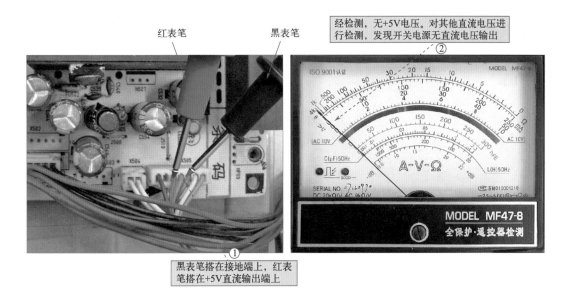

图15-15　检测直流输出电压

按图 15-16 所示，观察并检测熔断器。

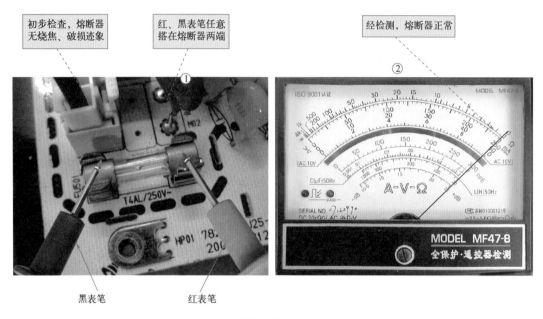

图15-16　检测熔断器

按图 15-17 所示，检测滤波电容引脚处的 +300V 直流电压。

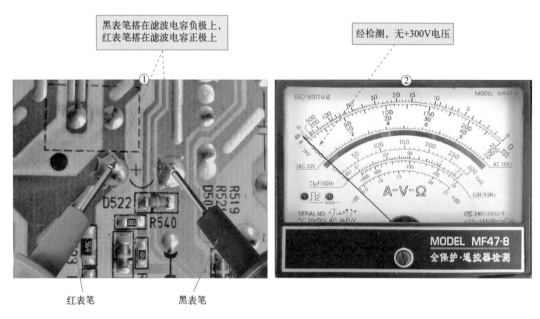

图15-17　检测滤波电容引脚处的+300V直流电压

按图 15-18 所示，检测桥式整流堆的输入输出电压。

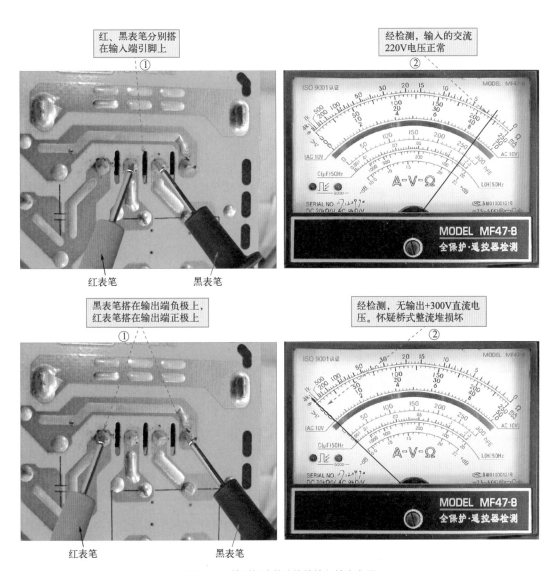

图15-18 检测桥式整流堆的输入输出电压

💡 **提示**

　　根据检测可了解到，该开关变压器无直流电压输出，熔断器正常，桥式整流堆输出的+300V电压异常，怀疑该桥式整流堆损坏，使用相同型号的元件代换后，再次试机，故障排除。

15.3.2 TCL液晶电视机开关电源电路检修案例

　　TCL 液晶电视机开机后，电视机出现指示灯不亮，无光栅、无图像、无声音的故障。

　　根据故障表现，液晶电视机不开机，指示灯不亮，表明液晶电视机的开关电源电路未工作。检修此类故障时，首先将开关电源电路作为重点检查部位。

　　图 15-19 为待测 TCL 液晶电视机开关电源电路。

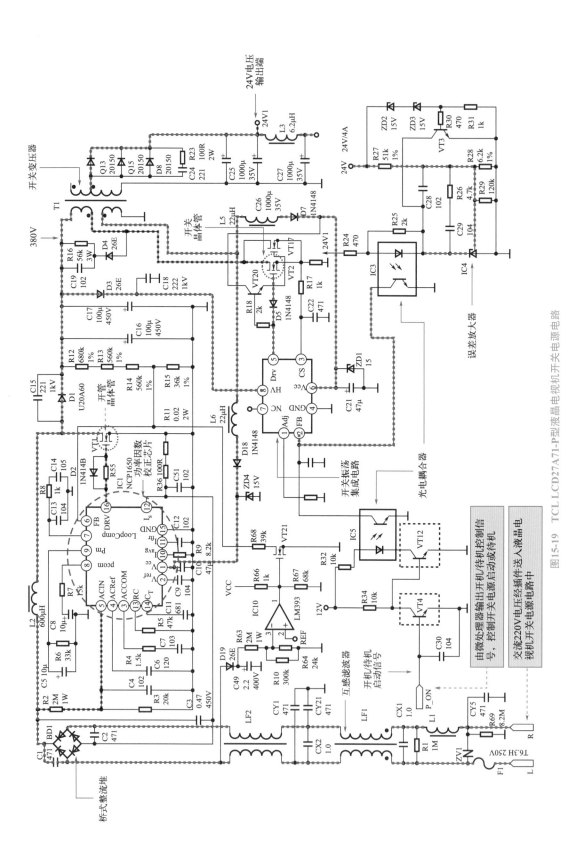

由图 15-19 可知，该电路是由交流输入电路、功率因数校正电路、开关振荡电路和次级输出电路等部分构成的。交流 220V 经滤波和整流后输出 +300V 的直流电压，经功率因数校正电路将直流电压升高到 380V 再为开关振荡电路供电，功率因数校正电路是由电感器 L2、开关晶体管 VT1 和功率因数校正芯片 NCP1650 等部分构成的。NCP1650 产生的 PWM 脉冲去驱动开关晶体管 VT1，使 L2 与 VT1 振荡，振荡脉冲再经平滑滤波就形成了 380V 直流电压，再经开关电源输出 +24V 直流电压。

具体检修时，可根据故障现象，首先检查熔断器是否正常，若熔断器正常，可顺供电流程对桥式整流堆 BD1、电容 C3、开关电路部分的开关晶体管 VT1 和 VT2 等元器件进行检测，若有损坏的元器件应对其进行更换，将故障排除。

相关资料

在检修开关电源电路时，若对功率因数校正芯片的内部功能框图有所了解，就可以对信号的输入、输出能够进行准确的判断，并进行检测。

图15-20所示为功率因数校正芯片IC1（NCP1650）的内部功能框图。

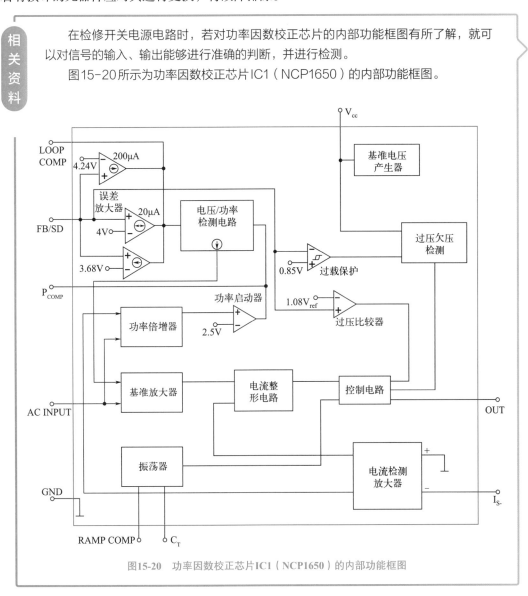

图15-20　功率因数校正芯片IC1（NCP1650）的内部功能框图

根据以上检修分析，我们首先检查电视机电路板上有无明显损坏的器件，如检查熔断器是否良好。

熔断器的检测方法如图 15-21 所示。

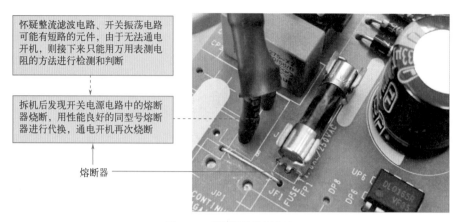

怀疑整流滤波电路、开关振荡电路可能有短路的元件，由于无法通电开机，则接下来只能用万用表测电阻的方法进行检测和判断

拆机后发现开关电源电路中的熔断器烧断，用性能良好的同型号熔断器进行代换，通电开机再次烧断

熔断器

图15-21 熔断器的检测方法

检测结果：被烧断。使用同型号的熔断器将损坏的熔断器进行更换后，开机再次烧断，根据维修经验，怀疑整流滤波电路、开关振荡电路可能有短路的元器件。由于电视机无法开机，则接下来使用万用表检测桥式整流堆正反向的阻值是否正常。

桥式整流堆正反向阻值的检测方法如图 15-22 所示。

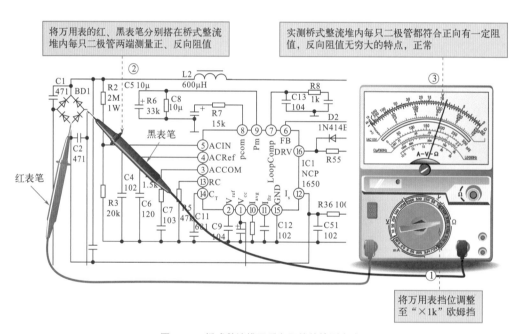

将万用表的红、黑表笔分别搭在桥式整流堆内每只二极管两端测量正、反向阻值

实测桥式整流堆内每只二极管都符合正向有一定阻值，反向阻值无穷大的特点，正常

将万用表挡位调整至"×1k"欧姆挡

图15-22 桥式整流堆正反向阻值的检测方法

检测结果：桥式整流堆正反向阻值均正常。根据检修分析，接下来检测开关晶体管 VT1 正反向阻值判断其是否正常。

开关晶体管 VT1 的检测方法如图 15-23 所示。

检测结果：开关晶体管 VT1 两两引脚间正反向阻值出现无穷大的情况，怀疑该晶体管已击穿损坏。根据检测结果将开关晶体管用同型号进行代换，将损坏的熔断器也一起更换，更换后通电试机故障排除。若仍存在故障，还应对开关振荡集成电路、反馈电路等进行检测。

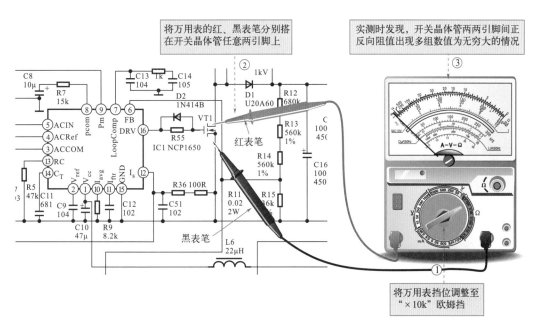

图15-23 开关晶体管VT1的检测方法

第16章 检修液晶电视机接口电路

16.1 接口电路的检修分析

16.1.1 接口电路的故障特点

接口电路是液晶电视机中的重要功能电路，它是液晶电视机与外部设备或信号源（有线电视机末端接口）产生关联的"桥梁"。若该电路不正常，将直接导致信号传输功能失常，进而决定液晶电视机的影音输出功能能否实现。

在实际使用过程中，液晶电视机的接口电路较多，不同的接口出现故障后的表现具有明显的特征，即哪一部分的接口电路损坏，相应地使用该接口连接外部设备时，将出现无法连接或信号异常的现象。

图 16-1 为液晶电视机接口电路故障表现。

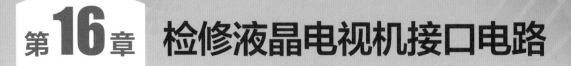

图16-1 液晶电视机接口电路故障表现

可首先依据故障现象，结合具体的电路结构和关系，分析产生故障的原因，整理出基本的检修方案，根据检修方案对电路进行检测和排查，最终排除故障。

图 16-2 为液晶电视机接口电路的故障特点。

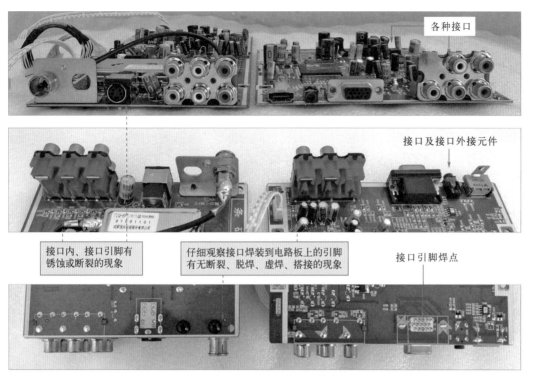

图16-2　液晶电视机接口电路的故障特点

　　接口是液晶电视机接口电路中故障率较高的部件，特别是在插接操作频繁、操作不规范的情况下，接口引脚锈蚀、断裂、松脱的情况较常见。

16.1.2　接口电路的检修流程

　　图 16-3 所示为液晶电视机接口电路的基本检修流程。

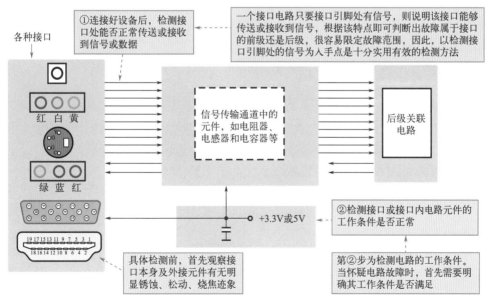

图16-3　液晶电视机接口电路的基本检修流程

不同接口电路的功能原理十分相似，因此其检修的基本思路也大致相同，当怀疑接口电路出现故障时，可首先采用观察法检查接口电路中的主要元件或部件有无明显损坏迹象，如观察接口外观有无明显损坏现象，接口引脚有无腐蚀氧化、虚焊、脱焊现象，接口电路元件有无明显烧焦、击穿现象。

若从表面无法观测到故障部位，可借助万用表或示波器逐级检测接口电路信号传输线路中的各器件输入和输出端的信号，信号消失的部位即为主要的故障点。

对接口电路故障进行检修时，可尝试用不同的接口为液晶电视机输入信号，根据不同接口工作状态，判断故障的大体范围是十分有效、快捷的方法，例如：

当怀疑 AV 输入接口电路故障时，可使用 TV 输入接口为液晶电视机送入信号，若 TV 输入接口输入信号时，液晶电视机工作正常，而使用 AV 输入接口送入信号时，液晶电视机声音或图像异常，则多为 AV 输入接口电路出现故障，直接针对 AV 输入接口相关电路进行检修即可；若使用 TV、AV 输入或其他接口为液晶电视机送入信号时均不正常，则多为信号处理公共通道异常，可初步排除接口部分的问题。由此，很容易缩小故障范围，提高维修效率。

 提示

需要注意的是，当怀疑接口电路异常时，不可盲目拆机检测，首先应检查液晶电视机的模式设置、信号线连接是否正常，排除外部因素后，再对接口及接口电路中主要器件进行检测。

16.2 接口电路的检修方法

16.2.1 AV输入接口电路的检修方法

对液晶电视机 AV 输入接口电路的检修，可按照前面的检修分析及检测流程进行逐步检测，对损坏的元件、部件或接口进行更换，即可完成对接口电路的检修。

按图 16-4 所示，以影碟机作为信号源为液晶电视机注入音视频信号。

 提示

AV 接口是与外部音视频设备相连的接口电路，当使用 AV 输入接口时，若液晶电视机出现输入音视频不正常或无输出音视频等现象时，则可能是 AV 输入接口电路有故障。

检测前，可首先通过观察法检查 AV 输入接口部分有无明显脱焊或虚焊现象，若存在上述故障应及时加焊和补焊。若 AV 输入接口无明显故障，则可通过检测其 AV 输入接口处的信号波形判断接口的好坏。

检测 AV 接口时，可在通电的情况下，检测 AV 接口端输出或输入的视频信号波形是否正常，同时，检测左右声道输出或输入的音频信号波形是否正常。

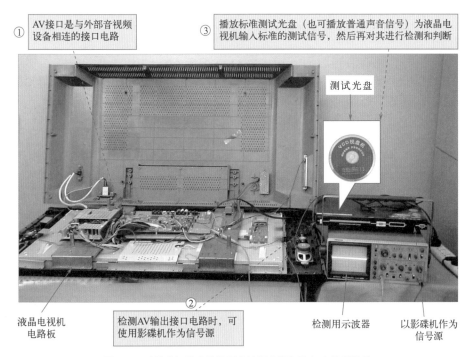

① AV接口是与外部音视频设备相连的接口电路

③ 播放标准测试光盘（也可播放普通声音信号）为液晶电视机输入标准的测试信号，然后再对其进行检测和判断

测试光盘

液晶电视机电路板

② 检测AV输出接口电路时，可使用影碟机作为信号源

检测用示波器

以影碟机作为信号源

图16-4　以影碟机作为信号源为液晶电视机注入音视频信号

按图 16-5 所示，检测 AV 输入接口电路输入的音频信号。

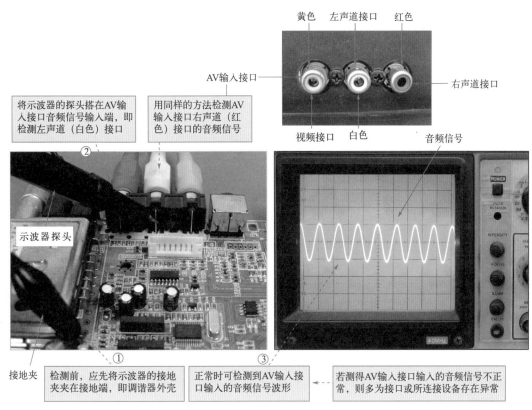

黄色　左声道接口　红色

AV输入接口

右声道接口

视频接口　白色　音频信号

将示波器的探头搭在AV输入接口音频信号输入端，即检测左声道（白色）接口

用同样的方法检测AV输入接口右声道（红色）接口的音频信号

② 示波器探头

接地夹

① 检测前，应先将示波器的接地夹夹在接地端，即调谐器外壳

③ 正常时可检测到AV输入接口输入的音频信号波形

若测得AV输入接口输入的音频信号不正常，则多为接口或所连接设备存在异常

图16-5　检测AV输入接口电路输入的音频信号

提示

测试音频信号时应注意，若在音频输入接口上测不到音频信号，不能立即判断接口部分有问题，需检查音频播放设备，如影碟机的音频信号输入是否属于双声道模式，有些影碟机为单声道输出模式，该类输入模式测其接口处音频信号时，只能测得一个音频信号。

按图 16-6 所示，检测 AV 输入接口电路输入的视频信号。

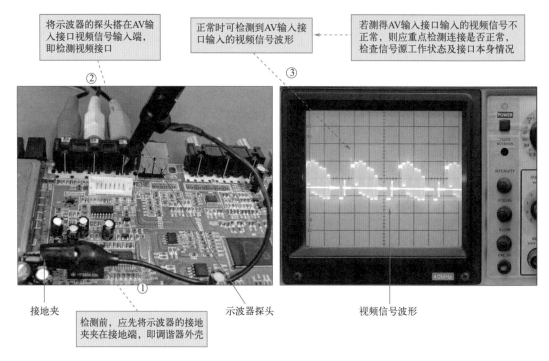

将示波器的探头搭在AV输入接口视频信号输入端，即检测视频接口

正常时可检测到AV输入接口输入的视频信号波形

若测得AV输入接口输入的视频信号不正常，则应重点检测连接是否正常，检查信号源工作状态及接口本身情况

接地夹　　示波器探头　　视频信号波形

检测前，应先将示波器的接地夹夹在接地端，即调谐器外壳

图16-6　检测AV输入接口电路输入的视频信号

提示

采用影碟机播放标准测试信号，测得的视频信号为标准彩条信号的波形，测得的音频信号为标准音频信号波形，即正弦信号波形。

16.2.2　S端子接口电路的检修方法

对液晶电视机 S 端子接口电路的检修，可按照前面的故障特点及检测流程进行逐步检测，对损坏的元件、部件或接口进行更换，即可完成对接口电路的检修。

按图 16-7 所示，检测 S 端子接口电路亮度（Y）输入信号波形。

按图 16-8 所示，检测 S 端子接口电路色度（C）输入信号波形。

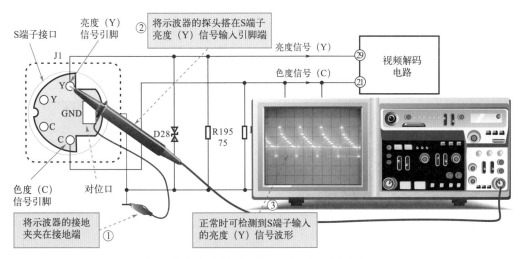

图16-7　检测S端子接口电路亮度（Y）输入信号波形

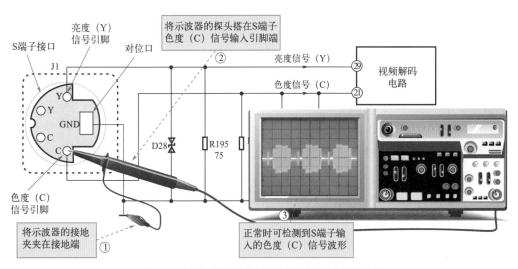

图16-8　检测S端子接口电路色度（C）输入信号波形

 提示

　　检测液晶电视机的S端子时，应首先将带有S端子接口的设备作为信号源为液晶电视机输送信号。当使用S端子接口输入信号时，若液晶电视机屏幕亮度和色度较低或无显示，则应检测S端子亮度信号和色度信号波形是否正常，若无S端子信号输入，则应先观察S端子接口插接是否良好，以及是否有脱焊、虚焊等现象。

16.2.3　分量视频信号接口电路的检修方法

　　对液晶电视机分量视频信号接口电路的检修，可按照前面的故障特点及检测流程进行逐步检测，对损坏的元件、部件或接口进行更换，即可完成对接口电路的检修。

按图16-9所示，检测分量视频信号接口电路亮度（Y）信号波形。

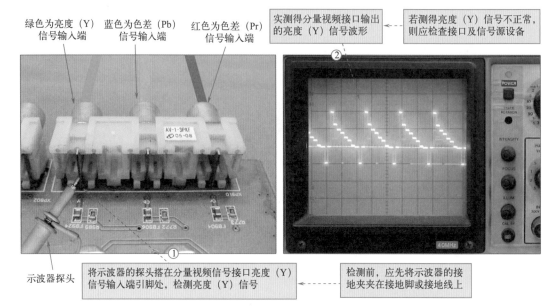

绿色为亮度（Y）信号输入端　　蓝色为色差（Pb）信号输入端　　红色为色差（Pr）信号输入端

实测得分量视频接口输出的亮度（Y）信号波形

若测得亮度（Y）信号不正常，则应检查接口及信号源设备

示波器探头

① 将示波器的探头搭在分量视频信号接口亮度（Y）信号输入端引脚处，检测亮度（Y）信号

检测前，应先将示波器的接地夹夹在接地脚或接地线上

图16-9　检测分量视频信号接口电路亮度（Y）信号波形

按图16-10所示，检测分量视频信号接口电路色差（Pb/Pr）信号波形。

分量视频接口电路的检测方法

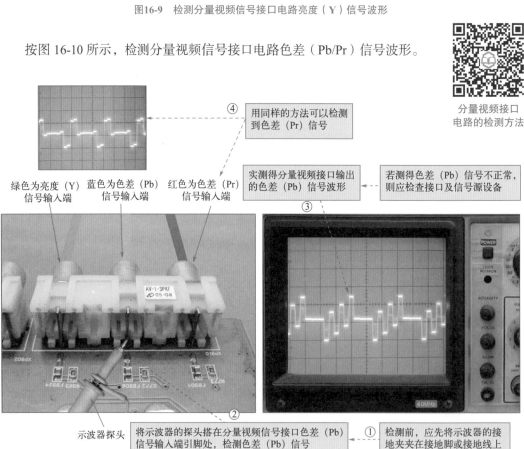

④ 用同样的方法可以检测到色差（Pr）信号

绿色为亮度（Y）信号输入端　　蓝色为色差（Pb）信号输入端　　红色为色差（Pr）信号输入端

实测得分量视频接口输出的色差（Pb）信号波形

若测得色差（Pb）信号不正常，则应检查接口及信号源设备

示波器探头

② 将示波器的探头搭在分量视频信号接口色差（Pb）信号输入端引脚处，检测色差（Pb）信号

① 检测前，应先将示波器的接地夹夹在接地脚或接地线上

图16-10　检测分量视频信号接口电路色差（Pb/Pr）信号波形

提示

检测分量视频接口电路时，可使用带有分量视频接口的影碟机作为信号源，通过分量视频接口为平板（液晶）电视机输入信号，然后用示波器检测该接口中各插头的亮度 Y（绿色）信号、色差 Pb（蓝色）、色差 Pr（红色）信号波形是否正常。

16.2.4 VGA接口电路的检修方法

对液晶电视机 VGA 接口电路的检修，可按照前面的故障特点及检修流程进行逐步检测，对损坏的元件、部件或接口进行更换，即可完成对 VGA 接口的检修。

按图 16-11 所示，通过计算机主机为液晶电视机注入信号。

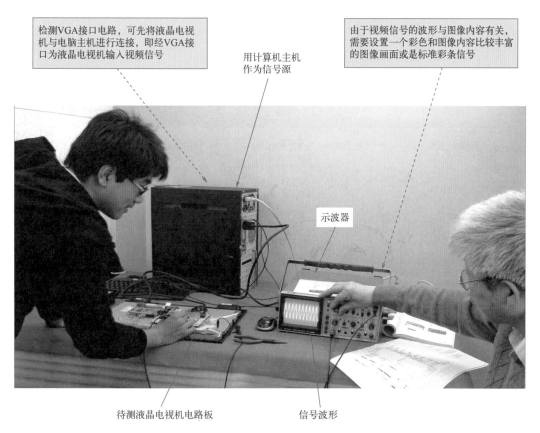

图16-11　通过计算机主机为液晶电视机注入信号

按图 16-12 所示，检测 VGA 接口电路输入的模拟 R、G、B 信号。

按图 16-13 所示，检测 VGA 接口电路输入的行（H）、场（V）同步信号。

按图 16-14 所示，检测 VGA 接口电路的供电电压。

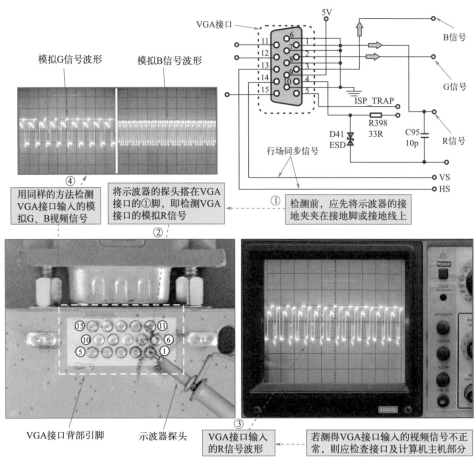

模拟G信号波形　　模拟B信号波形

VGA接口

④ 用同样的方法检测VGA接口输入的模拟G、B视频信号

② 将示波器的探头搭在VGA接口的①脚，即检测VGA接口的模拟R信号

① 检测前，应先将示波器的接地夹夹在接地脚或接地线上

VGA接口背部引脚　　示波器探头

③ VGA接口输入的R信号波形

若测得VGA接口输入的视频信号不正常，则应检查接口及计算机主机部分

图16-12　检测VGA接口电路输入的模拟R、G、B信号

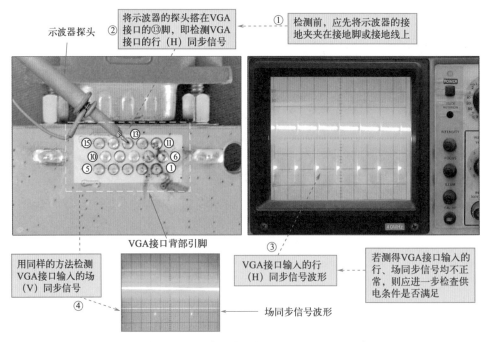

② 将示波器的探头搭在VGA接口的⑬脚，即检测VGA接口的行（H）同步信号

① 检测前，应先将示波器的接地夹夹在接地脚或接地线上

示波器探头

VGA接口背部引脚

④ 用同样的方法检测VGA接口输入的场（V）同步信号

场同步信号波形

③ VGA接口输入的行（H）同步信号波形

若测得VGA接口输入的行、场同步信号均不正常，则应进一步检查供电条件是否满足

图16-13　检测VGA接口电路输入的行（H）、场（V）同步信号

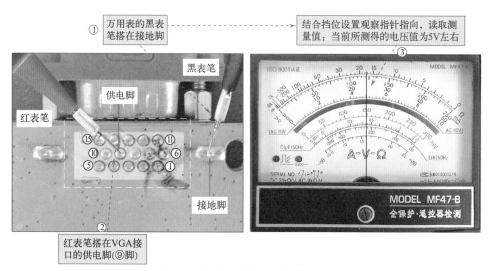

图16-14　检测VGA接口电路的供电电压

💡 **提示** ≫≫≫

　　若经上述检测，其供电正常，而无视频信号和行/场同步信号或信号波形异常，可能是接口部分及主机显卡部分故障，若能够确认主机显卡部分正常，数据线连接正常，则多为接口本身故障，可更换VGA接口。

16.2.5　HDMI接口电路的检修方法

　　对液晶电视机 HDMI 接口电路的检修，可按照前面的故障特点及检修流程进行逐步检测，对损坏的元件、部件或接口进行更换，即可完成对 HDMI 接口电路的检修。

　　按图 16-15 所示，检测 HDMI 接口电路的数据信号和数据时钟信号。

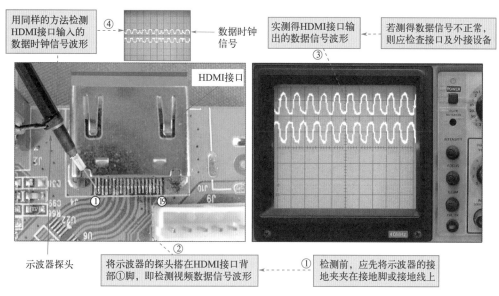

图16-15　检测HDMI接口电路的数据信号和数据时钟信号

按图 16-16 所示,检测 HDMI 接口电路的 I²C 总线信号。

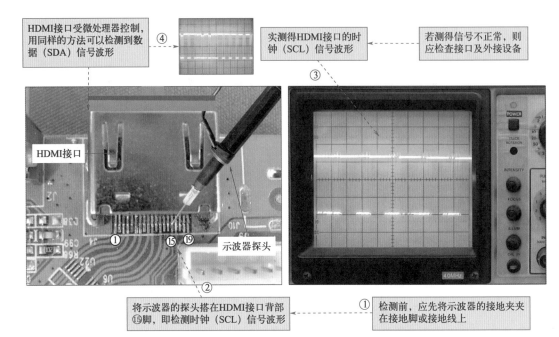

图16-16 检测HDMI接口电路的I²C总线信号

💡 **提示**

　　检测HDMI接口电路时,可使用带有HDMI接口的数字机顶盒作为信号源,通过HDMI接口为液晶电视机输入数字高清信号,然后用示波器检测该接口中视频数据信号和数据时钟信号是否正常。

第**17**章 检修液晶电视机逆变器电路

17.1 逆变器电路的检修分析

17.1.1 逆变器电路的故障特点

逆变器电路故障经常会引起液晶电视机出现黑屏、暗屏、屏幕闪烁、有干扰波等故障现象，对该电路进行检修时，可依据故障现象分析出产生故障的原因，并根据逆变器电路的信号流程对可能产生故障的部位逐一进行排查。

图 17-1 为逆变器电路中各关键部件的故障特点。

17.1.2 逆变器电路的检修流程

当怀疑液晶电视机逆变器电路出现故障时，可首先采用观察法检查逆变器电路的主要元器件有无明显损坏迹象，如脉宽信号产生电路、驱动场效应晶体管、升压变压器有无明显的虚焊或脱焊迹象，连接插件有无松动迹象，背光灯管有无断裂迹象。如果出现上述情况，则应立即更换损坏的元器件。若从表面无法观测到故障点，则应按图 17-2 所示逐级排查。一般可先检测其供电和控制信号条件，在工作条件正常的前提下，再逆其信号流程从输出部分作为入手点逐级向前检测，信号消失的地方即可作为关键的故障点，再以此为基础对相关范围内的工作条件、关键信号进行检测。

 提示

通常，检测逆变器电路时，应先检测电路的工作条件（电压、控制信号）是否正常，在工作条件正常的情况下，根据信号流程对各主要元件的信号波形进行检测，确定故障部位。

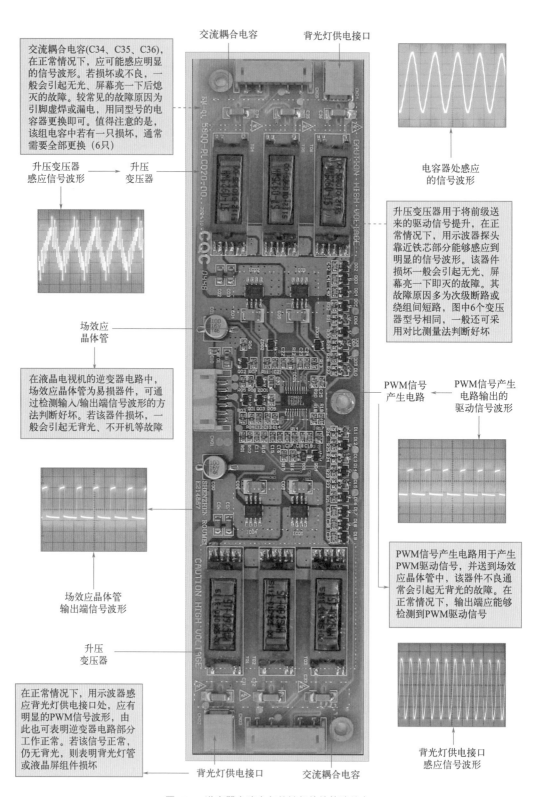

交流耦合电容(C34、C35、C36)，在正常情况下，应可能感应明显的信号波形。若损坏或不良，一般会引起无光、屏幕亮一下后熄灭的故障。较常见的故障原因为引脚虚焊或漏电，用同型号的电容器更换即可。值得注意的是，该组电容中若有一只损坏，通常需要全部更换（6只）

交流耦合电容

背光灯供电接口

升压变压器感应信号波形

升压变压器

电容器处感应的信号波形

升压变压器用于将前级送来的驱动信号提升，在正常情况下，用示波器探头靠近铁芯部分能够感应到明显的信号波形。该器件损坏一般会引起无光、屏幕亮一下即灭的故障。其故障原因多为次级断路或绕组间短路，图中6个变压器型号相同，一般还可采用对比测量法判断好坏

场效应晶体管

在液晶电视机的逆变器电路中，场效应晶体管为易损器件，可通过检测输入/输出端信号波形的方法判断好坏。若该器件损坏，一般会引起无背光、不开机等故障

PWM信号产生电路

PWM信号产生电路输出的驱动信号波形

场效应晶体管输出端信号波形

升压变压器

PWM信号产生电路用于产生PWM驱动信号，并送到场效应晶体管中，该器件不良通常会引起无背光的故障。在正常情况下，输出端应能够检测到PWM驱动信号

在正常情况下，用示波器感应背光灯供电接口处，应有明显的PWM信号波形，由此也可表明逆变器电路部分工作正常。若该信号正常，仍无背光，则表明背光灯管或液晶屏组件损坏

背光灯供电接口

交流耦合电容

背光灯供电接口感应信号波形

图17-1 逆变器电路中各关键部件的故障特点

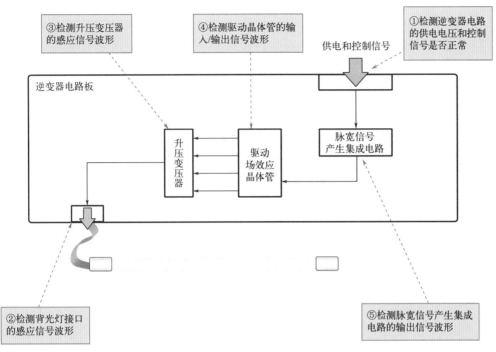

图17-2 液晶电视机逆变器电路的检修流程图

17.2 逆变器电路的检修方法

对于液晶电视机逆变器电路的检测，可使用万用表或示波器测量待测液晶电视机的逆变器电路，然后将实测值或波形与正常的数值或波形进行比较，即可判断出逆变器电路的故障部位。

17.2.1 逆变器电路工作条件的检测方法

逆变器电路正常工作需要满足基本的供电和开关控制条件，只有在满足工作条件正常的前提下，电路才可能进入工作状态。

按图 17-3 所示，对逆变器电路的供电电压进行检测。

按图 17-4 所示，对微处理器送来的开关控制信号进行检测。

17.2.2 脉宽信号产生集成电路的检修方法

脉宽信号产生集成电路产生 PWM 驱动信号送到后级驱动场效应晶体管上，该集成电路的好坏，可通过检测输出信号波形及对地阻值的方法判断。

按图 17-5 所示，对脉宽信号产生集成电路输出的信号波形进行检测。图 17-6 为在不同引脚处测得的信号波形。

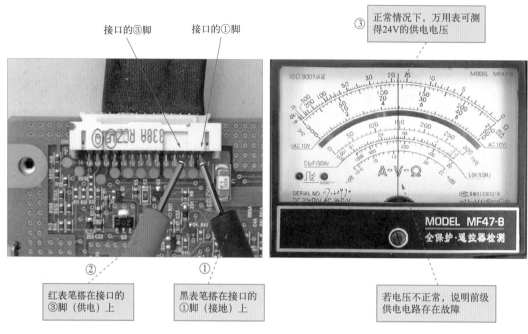

接口的③脚　　　　接口的①脚

③ 正常情况下，万用表可测得24V的供电电压

② 红表笔搭在接口的③脚（供电）上

① 黑表笔搭在接口的①脚（接地）上

若电压不正常，说明前级供电电路存在故障

图17-3　逆变器电路供电电压的检测方法

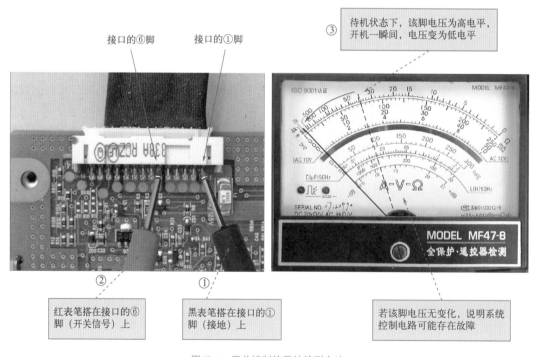

接口的⑥脚　　　　接口的①脚

③ 待机状态下，该脚电压为高电平，开机一瞬间，电压变为低电平

② 红表笔搭在接口的⑥脚（开关信号）上

① 黑表笔搭在接口的①脚（接地）上

若该脚电压无变化，说明系统控制电路可能存在故障

图17-4　开关控制信号的检测方法

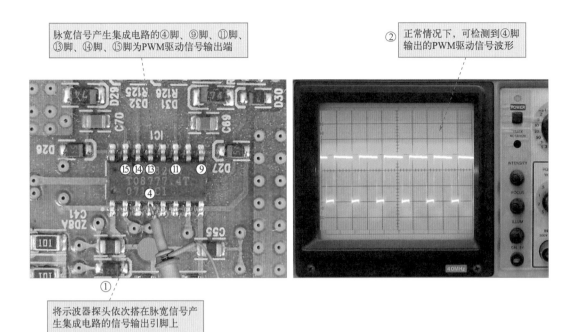

脉宽信号产生集成电路的④脚、⑨脚、⑪脚、⑬脚、⑭脚、⑮脚为PWM驱动信号输出端

② 正常情况下，可检测到④脚输出的PWM驱动信号波形

① 将示波器探头依次搭在脉宽信号产生集成电路的信号输出引脚上

图17-5　脉宽信号产生集成电路输出信号波形的检测方法

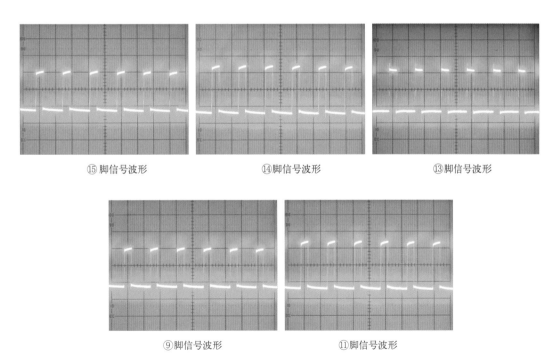

⑮脚信号波形　　　　　　⑭脚信号波形　　　　　　⑬脚信号波形

⑨脚信号波形　　　　　　⑪脚信号波形

图17-6　脉宽信号产生集成电路输出的信号波形

若输出信号正常，而驱动场效应晶体管输入信号波形不正常，说明信号传输线路中有元器件损坏。若输出信号不正常，说明脉宽信号产生集成电路可能存在故障。

若发现脉宽信号产生集成电路没有信号波形输出，可使用万用表对其各引脚的对地阻值进行检测，如图 17-7 所示。脉宽信号产生集成电路 IC1（OZ9982）各引脚的正反向对地阻值见表 17-1。若多个引脚测量结果为零或无穷大，说明该集成电路已损坏，应选用同型号集成电路代换。

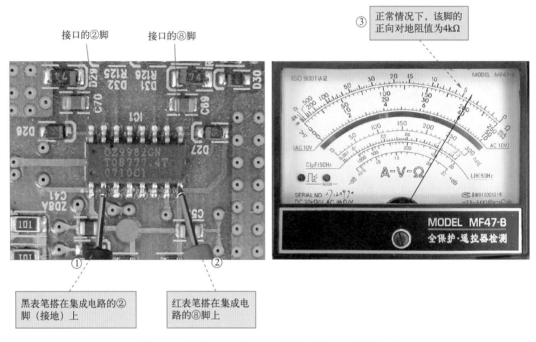

接口的②脚　　接口的⑧脚

③ 正常情况下，该脚的正向对地阻值为4kΩ

黑表笔搭在集成电路的②脚（接地）上

红表笔搭在集成电路的⑧脚上

图17-7　脉宽信号产生集成电路引脚对地阻值的检测方法

对集成电路的所有引脚都进行检测后，若检测结果与正常值偏差较大，说明该集成电路已损坏。

表17-1　脉宽信号产生电路正常工作时各引脚正反向对地阻值

引脚号	正向阻值（黑表笔接地）/kΩ	反向阻值（红表笔接地）/kΩ	引脚号	正向阻值（黑表笔接地）/kΩ	反向阻值（红表笔接地）/kΩ
①	3.5	4.6	⑨	5.6	∞
②	地	地	⑩	1	5.5
③	4.2	15	⑪	6.5	50
④	∞	∞	⑫	3.4	3.6
⑤	∞	∞	⑬	2.9	2.9
⑥	4.2	15	⑭	6.5	48
⑦	0	0	⑮	1	7.1
⑧	4	4.6	⑯	5.6	∞

17.2.3　驱动场效应晶体管的检修方法

逆变器电路场效应晶体管的检测方法

驱动场效应晶体管将前级送来的 PWM 驱动信号进行放大，可通过检测其输入和输出端的信号波形，根据波形状态判断其好坏。

按图 17-8 所示，对驱动场效应晶体管的输入 / 输出信号波形进行检测。

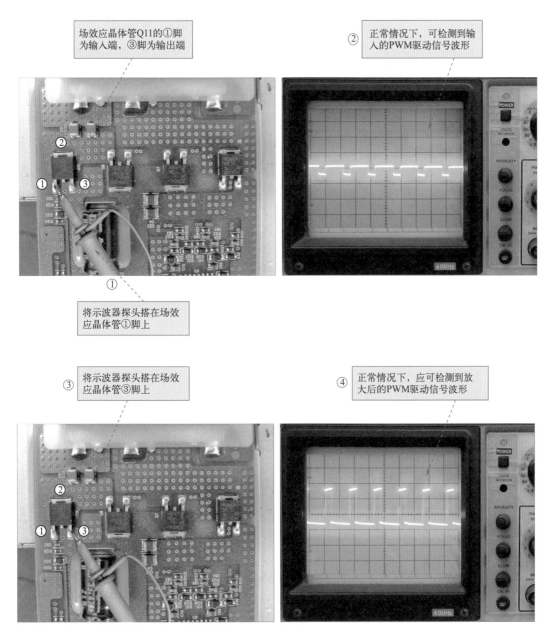

② 场效应晶体管Q11的①脚为输入端，③脚为输出端

② 正常情况下，可检测到输入的PWM驱动信号波形

① 将示波器探头搭在场效应晶体管①脚上

③ 将示波器探头搭在场效应晶体管③脚上

④ 正常情况下，应可检测到放大后的PWM驱动信号波形

图17-8　驱动场效应晶体管的输入/输出信号波形的检测方法

若驱动场效应晶体管的输入信号不正常，说明前级电路存在故障。若输入信号正常，无输出，则说明场效应晶体管可能损坏，可用同型号场效应晶体管替换，排除故障。

在典型逆变器电路中，采用两组场效应晶体管放大信号，两组场效应晶体管的输入输出波形略有差异。例如场效应晶体管Q8，其①脚为信号输入端，②脚为信号输出端，该场效应晶体管的输入/输出信号波形与上面检测的波形略有差异，如图17-9所示。

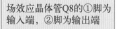

场效应晶体管Q8的①脚为输入端，②脚为输出端

正常情况下，可检测到输入的PWM驱动信号波形

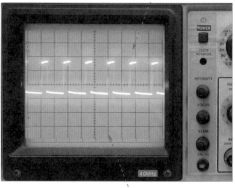

① 将示波器探头搭在场效应晶体管①脚上

若输入信号不正常，说明前级电路存在故障

① 将示波器探头搭在场效应晶体管②脚上

② 正常情况下，可检测到放大后的PWM驱动信号波形

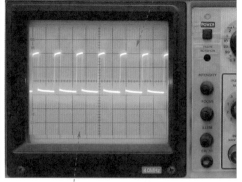

如果输出信号波形不正常，而输入正常，说明场效应晶体管可能损坏

若输出信号正常，而升压变压器的感应信号波形不正常，说明场效应晶体管的后级电路存在故障

图17-9 场效应晶体管信号波形的检测

17.2.4　升压变压器的检修方法

升压变压器将前级驱动场效应晶体管送来的驱动信号进行升压，此时可借助示波器探头感测升压变压器处的信号波形，来判断升压变压器的状态。按图 17-10 所示，对升压变压器的感应信号波形进行检测。

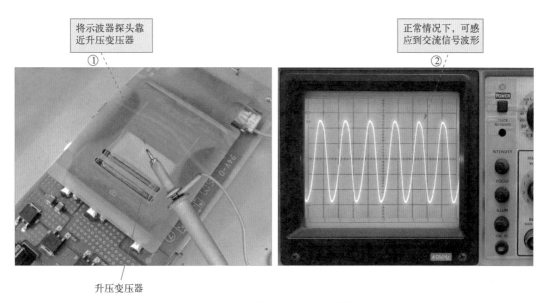

图17-10　升压变压器的感应信号波形的检测方法

如果信号波形正常，而背光灯接口处的信号不正常，表明升压变压器与背光灯接口之间的电路存在故障；若信号波形不正常，说明前级电路存在故障。

若升压变压器处无感测信号，或无法通电检测时，可在断电状态下检测升压变压器绕组的阻值来判断其好坏，如图 17-11 所示。

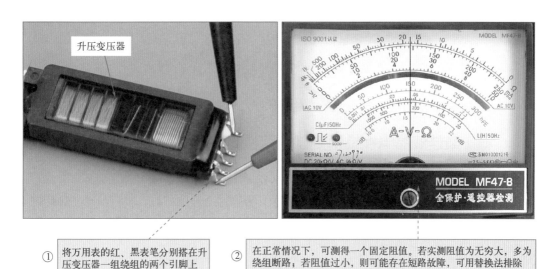

图17-11　升压变压器绕组阻值的检测方法

17.2.5 背光灯接口的检修方法

　　背光灯接口是逆变器电路与背光灯管连接的关键部件，正常情况下，可通过感应信号波形的检测方法判断接口处是否有背光灯驱动信号。按图 17-12 所示，对背光灯接口处的感应信号波形进行检测。

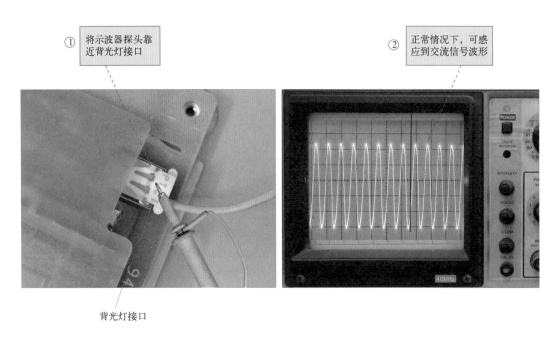

① 将示波器探头靠近背光灯接口

② 正常情况下，可感应到交流信号波形

背光灯接口

图17-12　背光灯接口处的感应信号波形的检测方法

　　如果有波形而背光灯管不亮，表明背光灯损坏；若信号波形不正常，说明前级电路存在故障。

17.3　逆变器电路检修案例

17.3.1 康佳液晶电视机逆变器电路检修案例

　　康佳液晶电视机出现"黑屏（有图像无背光）"的故障。针对故障表现，可对照电路原理图，并结合故障现象，先建立起故障检修的流程，再按逆变器电路的信号流程逐一对液晶电视机逆变器电路进行检测。

　　图 17-13 为待测康佳故障机的逆变器电路。

　　按图 17-14 所示，根据故障表现，结合电路图确立检修流程。

　　按图 17-15 所示，检测逆变器电路的 12V 供电电压和开关控制信号。

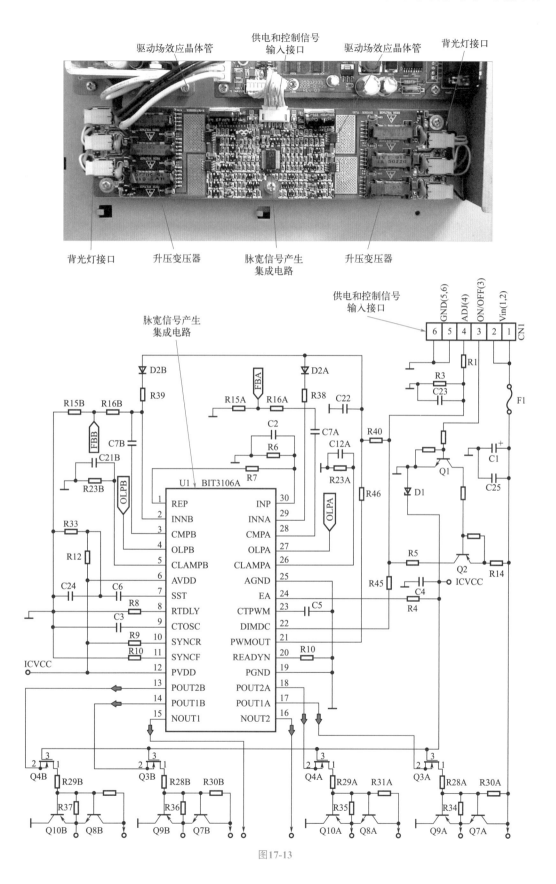

图17-13

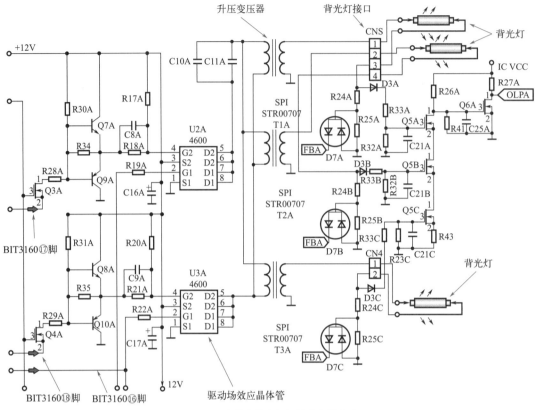

图17-13　康佳液晶电视机的逆变器电路

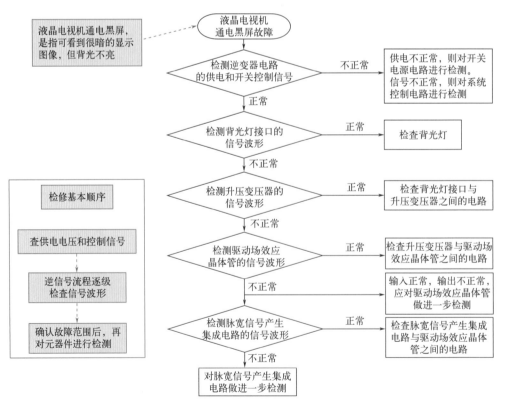

图17-14　康佳液晶电视机的逆变器电路检修流程

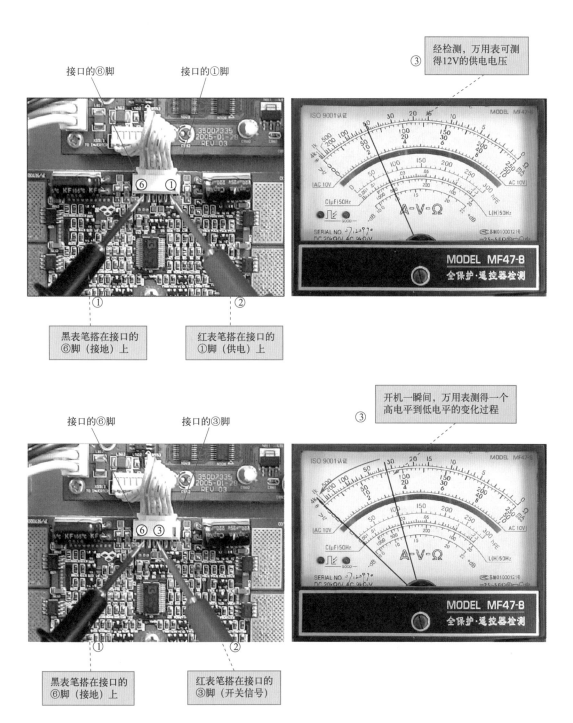

图17-15　检测逆变器电路的12V供电电压和开关控制信号

按图 17-16 所示，检测背光灯接口的信号波形。

按图 17-17 所示，检测升压变压器的信号波形。

按图 17-18 所示，检测驱动场效应晶体管的信号波形。

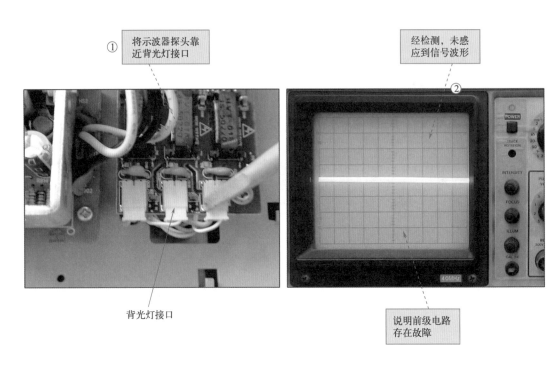

① 将示波器探头靠近背光灯接口

背光灯接口

经检测，未感应到信号波形 ②

说明前级电路存在故障

图17-16 检测背光灯接口的信号波形

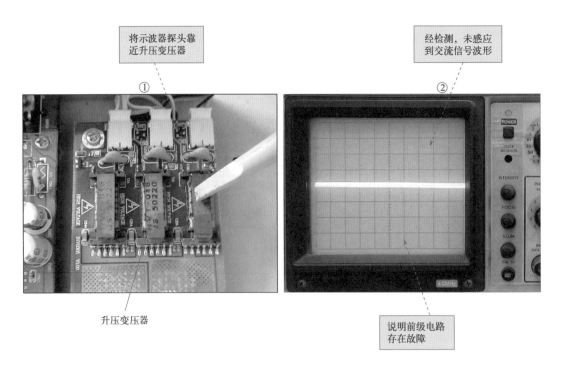

① 将示波器探头靠近升压变压器

升压变压器

经检测，未感应到交流信号波形 ②

说明前级电路存在故障

图17-17 检测升压变压器的信号波形

驱动场效应晶体管的
⑤～⑧脚为输出端

经检测，未检测到放大后
的PWM驱动信号波形

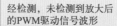

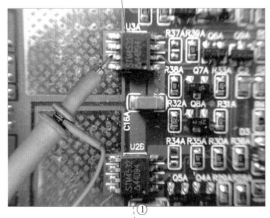

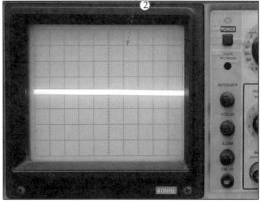

将示波器探头搭在驱动场
效应晶体管的⑤～⑧脚上

将示波器探头搭在场效应
晶体管②、④脚上

经检测，可检测到输入的
PWM驱动信号波形

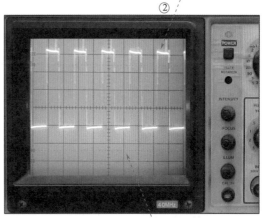

驱动场效应晶体管的
②、④脚为输入端

输入信号正常，输出信号不正常，
怀疑驱动场效应晶体管损坏

图17-18 检测驱动场效应晶体管的信号波形

 提示

　　根据检测可了解到，背光灯接口、升压变压器无信号波形，驱动场效
应晶体管输入信号正常，而输出信号不正常，怀疑驱动场效应晶体管损
坏，使用相同型号的元件代换后，再次试机故障排除。

17.3.2　海信液晶电视机逆变器电路检修案例

海信液晶电视机开机后伴音正常，但显示屏黑屏，隐约可以看到图像。这是液晶电视机中逆变器电路的典型故障表现。电视机有图像暗影，伴音正常，表明其电源电路及基本的图像处理电路正常，屏幕黑屏表明背光灯未点亮，应重点检测其逆变器电路及背光灯本身是否正常。

具体检修前，首先了解和分析一下该机型液晶电视机逆变器电路的基本结构。

图17-19为海信液晶电视机逆变器电路。

由电源电路送来的+5V和+12V分别为PWM信号产生电路和场效应晶体管进行供电，以满足逆变器电路的工作条件。

同时，PWM信号产生电路U1输出PWM驱动信号，并送往场效应晶体管U2和U3中进行放大处理。

场效应晶体管U2和U3将PWM驱动信号放大后，送往高压变压器T1和T2中，由高压变压器输出约700V的交流高压，该电压被送往背光灯供电接口中，为背光灯提供工作电压。

海信TLM1933型液晶电视机出现黑屏但有图像的故障，应重点检查背光灯供电接口CN1～CN4输出的信号波形、逆变器电路的+5V和+12V供电电压、微处理器送来的逆变器开关信号（开机/待机控制）、场效应晶体管U2和U3、PWM信号产生电路U1以及高压变压器T1和T2等。

打开该故障机外壳，首先检查电视机逆变器电路板上有无明显损坏器件，然后根据以上检修分析，首先检测逆变器电路的输出信号（使用示波器感应背光灯供电接口的信号波形）是否正常。

逆变器电路背光灯供电接口输出端信号波形的检测方法如图17-20所示。

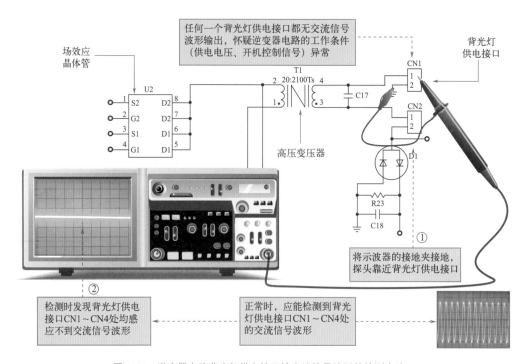

图17-20　逆变器电路背光灯供电接口输出端信号波形的检测方法

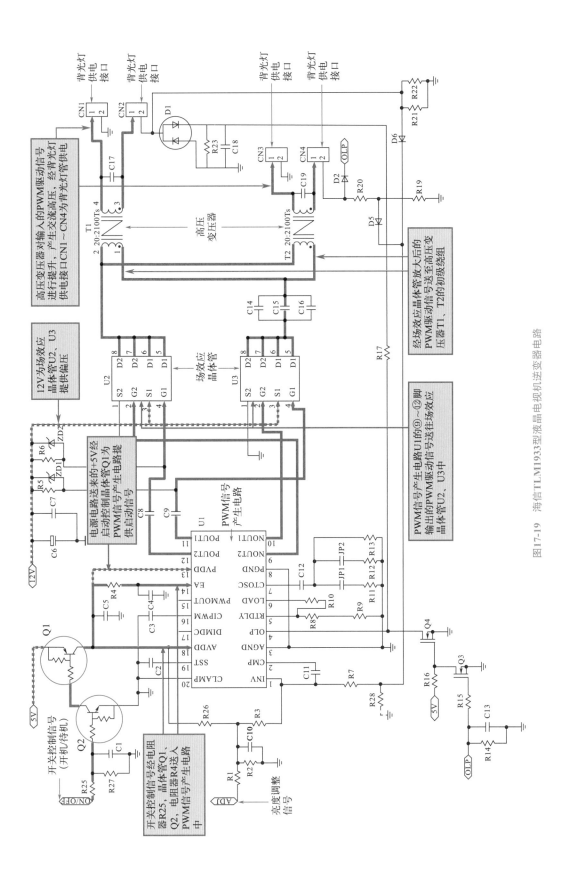

图17-19　海信TLM1093型液晶电视机逆变器电路

　　检测结果：逆变器电路背光灯供电接口无输出。根据检修分析，接下来应检测逆变器电路供电电压。

　　逆变器电路供电电压的检测方法如图 17-21 所示。

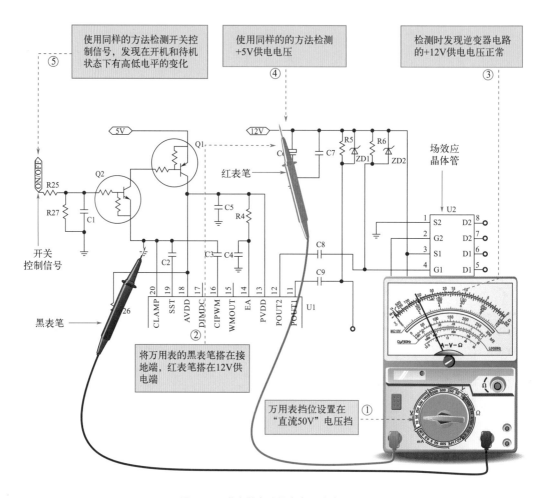

图17-21　逆变器电路供电电压的检测方法

　　检测结果：逆变器电路供电电压正常。根据检修分析，接下来应检测 PWM 信号产生电路输出的信号波形。

　　逆变器电路 PWM 信号产生电路输出端信号波形的检测方法如图 17-22 所示。

　　检测结果：PWM 信号产生电路无信号波形输出。根据检修过程，逆变器电路的工作条件正常，而无输出，因此怀疑 PWM 信号产生电路可能损坏。将 PWM 信号产生电路用同型号进行代换，代换后通电试机，故障排除。

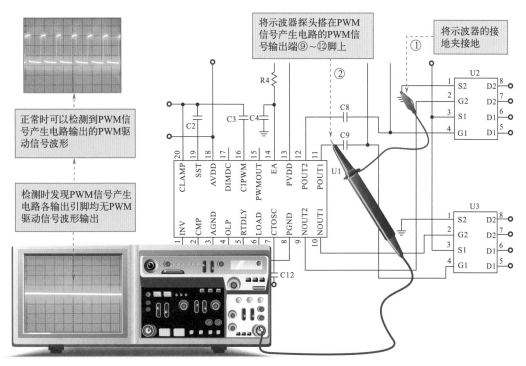

图17-22　逆变器电路PWM信号产生电路输出端信号波形的检测方法

第18章 液晶电视机常见故障检修案例

18.1 液晶电视机开机无反应的故障检修案例

（1）故障表现

乐视 TVX60 型液晶电视机，开机无动作，LETV 指示灯不亮，无图无声。

（2）故障分析

液晶电视机开机无反应，无图无声，LETV 指示灯不亮，表明电源电路未进入正常工作状态。应查电视机的交流供电插座是否有电，再查位于电视机下侧的电源开关是否接通。确认正常后，再打开电视机后盖，检查电源电路板。

（3）故障检修

乐视 TVX60 型液晶电视机的电源电路板位于电视机后部中央的位置，如图 18-1 所示。电

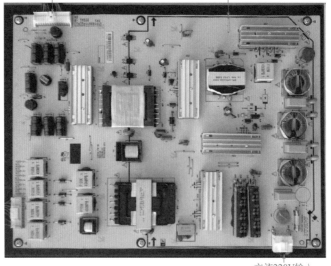

图18-1　乐视TVX60型液晶电视机的电源电路板

路板的一侧有交流220V输入端，经开关电路后形成两组电源输出，一组为主板（CN201）供电，另一组为背光灯（LED）供电。

电源电路首先输出 3.3V（STB）待机电压，为主板的微处理器（MCU）提供工作条件，微处理器工作后再根据人工指令（含遥控指令）启动电源电路，电源电路再进一步为音频电路、视频电路及背光灯提供工作电压。

电源板的 CN201 插座旁设有各种电压标记，可首先检测待机电压 3.3V（STB）是否正常。如无电压，则表明电源电路有故障，需要进一步检查。

注意，电源电路板上交流输入和开关电源电路部分用黑线框住，是电源的热区，即内有交流 220V 高压，检测时，不要用手触碰该区域的导体，以防触电。

开关变压器的次级部分是电路板的冷区，不含交流高压。

18.2 液晶电视机开机三无的故障检修案例

（1）故障表现

LETV X50 Air 液晶电视机，开机无背光、无图像、无伴音，指示灯不亮。

（2）故障分析

开机无反应，表明液晶电视机未进入工作状态，应对电源供电部分进行检查。

① 查交流 220V 电源输入部分是否有交流电压，电视机的电源开关是否接通，确认电源开关是否处于 ON 状态。

② 查电源电路板送给主板的 +12V 是否正常，如果无 +12V 输出，则表明电源电路有故障。

（3）故障检修

电源电路的信号流程如图 18-2 所示，该机的交流 220V 电压首先送入交流输入电路，该电路中设有熔断器（F9901）、过压保护电阻（RV9901）以及 3 组互感滤波器和滤波电容等，最后经桥式整流器变成直流电压 Vsin 输出，该电压约为 300V，可用万用表检测。

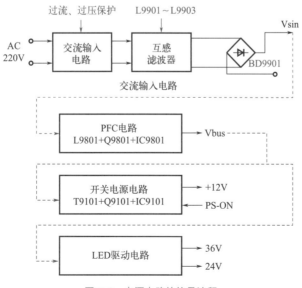

图18-2 电源电路的信号流程

交流输入电路的输出经功率因数校正（PFC）电路后输出 Vbus 电压，该电压仍为直流，但电压值高于 Vsin，该电路主要由电感 L9801、场效应晶体管 Q9801 和开关振荡电路 IC9801 等部分构成。

Vbus 分成两路，一路经开关电源电路产生主板所需的 +12V 电压，另一路经 LED 驱动电路产生 +36V 和 +24V。其中 +36V 是 LED 的供电电源，+24V 是伴音功放的供电电源，均可用万用表检测。

分别对上述电路进行检测，发现交流输入电路中的桥式整流器 BD9901 无输出，表明已损坏，更换后故障排除。

18.3 液晶电视机开机不工作的故障检修案例

（1）故障表现

长虹 3D50A6000 型液晶电视机开机不工作，显示屏无图像，无指示灯，无背光灯。

（2）故障分析

① 查电源供电板到主板的连接。电源通过插件 J7 为主板提供待机工作电压，J7 的⑤脚应有 5VSB 待机电压，如果该电压不正常，则表明电源电路有故障。

② 如果待机电压正常，操作开机键后再查 J7 的⑩脚应为高电平（电源启动信号），而①、②脚应输出 24V，⑥、⑦脚输出 5V，⑫脚应输出背光灯启动电压。如果无启动电压，则背光灯供电电路不能启动，这种情况应怀疑主芯片工作失常。

（3）故障检修

电源电路的工作流程如图 18-3 所示，交流 220V 电源送到电路板后，先经交流输入电路

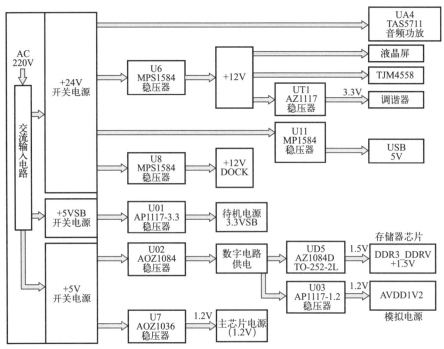

图18-3　长虹3D50A6000型液晶电视机电源电路的工作流程

进行处理，这里分别设有过流、过压保护器件，再经LC滤波器进行滤波，然后经桥式整流电路整流再分别经开关电源电路产生+24V、+5VSB和+5V电压，再分别经稳压芯片形成多路直流电压为音频功放、液晶屏驱动电路、调谐器以及各种集成电路供电。

先查 3.3VSB 待机电源，结果为 0V，表明 U01 AP1117 稳压芯片无输出，再查 AP1117 输入电压 5VSB，实测电压正常，应进一步查芯片的外围电路或更换芯片。更换芯片后故障排除。

18.4　液晶电视机图像正常伴音失常的检修案例

（1）故障表现

康佳 LED50R6000U 型液晶电视机，图像显示正常，无伴音或伴音失常。

（2）故障分析

① 液晶电视机如果图像正常而伴音失常，表明主板上的主处理器及前端电路基本是正常的。此时，应确认信号源及信号输入接口是否有问题，特别是选择收看 AV 设备的节目或选择分量视频设备时，应当注意。

② 如果是欣赏 TV 节目，查 TV 节目的制式是否正确，可试调整节目制式。

③ 伴音系统是否被操作成静音（MUTE），或是音量被调至最小。这种情况可重新调整一下。

④ 查主板的伴音功放，功放电源以及功放与扬声器的连线。这些部位任何一处有故障都会引起伴音失常。

（3）故障检修

该机伴音功放采用的是 PAM8006A 芯片，其中③脚和⑥脚为输入信号端，⑩、⑮、㉒、㉛ 脚为 +12V 电源供电端，⑫ 和 ⑬ 脚为 R 声道信号输出端，㉘、㉙ 脚为 L 声道信号输出端，该信号经 XS201 输出，再经连接线连接到两个扬声器上，如图 18-4 所示。可分别对上述信号流程及电源电压进行检测，再根据检测结果找到故障点。

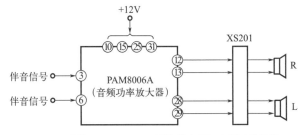

图18-4　康佳LED50R6000U型液晶电视机音频功放简图

经查音频输入信号和供电都正常，而伴音无输出，则表明功放芯片有故障，更换后故障排除。

18.5　液晶电视机黑屏有伴音的故障检修案例

（1）故障表现

乐视 TV-X4-55C 液晶电视机能开机，有伴音，无图像，黑屏。

（2）故障分析

液晶电视机黑屏的故障分析有两个方面。

第一，屏线不良，不能将图像的驱动信号加到显示屏上，应查屏线连接是否良好，可将插头拔下仔细检查，并进行清洁，以确保接触良好，确认良好后再重新连接。

第二，检查电源板给背光灯的电压，接上交流220V电源后，开机，观察液晶屏背光是否亮，如果背光亮，则表明背光部分正常，应进一步查与电源连接的⑮脚插件（TCON-ON）是否损坏及主板上的 TCON_PWR_EN_3V3 电压（使能控制电压）是否为3.3V，以及12V供电是否正常，如供电失常，则表明电源板不良。

（3）故障检修

查屏线，主板是通过两组屏线与 TCON 驱动板相连，检查屏线是否有断路的情况，同时检查插座插头的连接情况。这要在断开电源的情况下进行检查，同时清洁周围的污物。重新连接后故障排除。

18.6　液晶电视机有图像无伴音的故障检修案例

（1）故障表现

长虹 3D50A6000 型液晶电视机开机有图像但无伴音。

（2）故障分析

应先查音频功放与扬声器的连接线，该机是由 J24 和 J26 两组插件进行连接的，如果有输出，则属扬声器不良，应更换。

如果 J24、J26 插件上无伴音信号，则可能为音频功放电路不良。该机中音频功放采用 TAS5711 芯片。当 +24V 供电正常时，有输入信号而无输出，则属 TAS5711 芯片故障，应更换。

如果功放电压（+24V）失常，应查电源部分。

如果 +24V 电压正常，还应查为功放提供音频信号的前级电路。

（3）故障检修

音频功放 TAS5711 芯片的信号处理框图如图 18-5 所示，该芯片的引脚功能及排列如图 18-6 所示。检测时可参照这两个图进行。

从图 18-6 可见，串行音频信号（SDIN）由芯片的 ㉒ 脚输入，数字音频信号（串行时钟信号 SCLK、串行数据信号 MCLK、左右声道分离时钟 LRCLK）分别从 ㉑ 脚、⑮ 脚和 ⑳ 脚输入，经芯片处理后，分别由①脚和 ㊻ 脚输出一组音频信号，㊴ 脚和 ㊱ 脚输出另一组音频信号，分别送到两个扬声器。

如果芯片的输出端有信号，则查引线及扬声器；如果输出端无信号，则查芯片本身或更换芯片，故障即可排除。

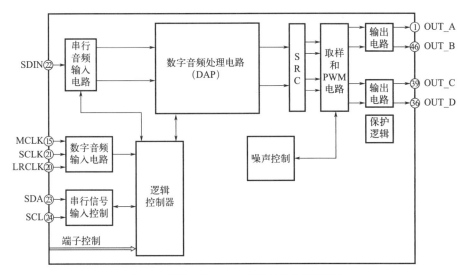

图18-5 音频功放TAS5711芯片的信号处理框图

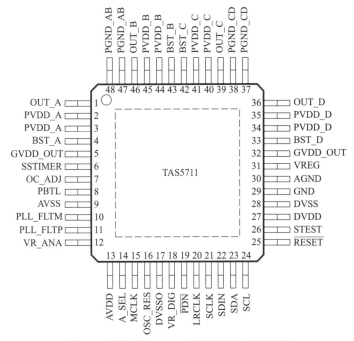

图18-6 音频功放TAS5711芯片的引脚功能及排列

18.7 液晶电视机某HDMI接口信号播放不良的故障检修案例

（1）故障表现

乐视 TVX60 型液晶电视机，使用 HDMI1 接口（高清接口 1）收看数字有线机顶盒的节目图像或伴音不良。

（2）故障分析

① 查数字高清接口以及信号源选择信号是否正常，通常电视机具有 3 个数字高清接口，有线机顶盒的输入信号使用其中之一，遇到这种情况应重新选择一下信号源，或是更换一下高清接口。

② 查数字高清接口的安装状态，有无松动及焊接脱落情况。然后再查接口到芯片 ADV7850 之间的引线是否良好。

（3）故障检修

拔下高清输入插头，清洁污物，再重新连接，确保连接到 HDMI1，然后通过遥控器选择信号源为 HDMI1，再确认机顶盒的工作状态后故障排除。

18.8 液晶电视机控制功能失常的故障检修案例

（1）故障表现

康佳 LC-32AS28 型液晶电视机出现"正常使用中突然无规律出现死机，且有时正常关机后，无法开机或开机白屏"的故障。

（2）故障分析

根据故障表现，液晶电视机能够启动工作，说明电源电路正常，故障无规律性，故障原因多存在于控制电路。液晶电视机系统控制电路出现故障时，常会出现液晶电视机不开机、无规律死机、控制功能失常等情况。

图 18-7 为康佳 LC-32AS28 液晶电视机系统控制电路。

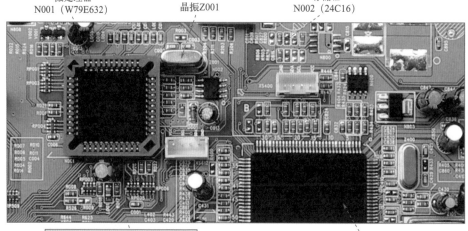

(a) 康佳LC-32AS28液晶电视机系统控制电路实物

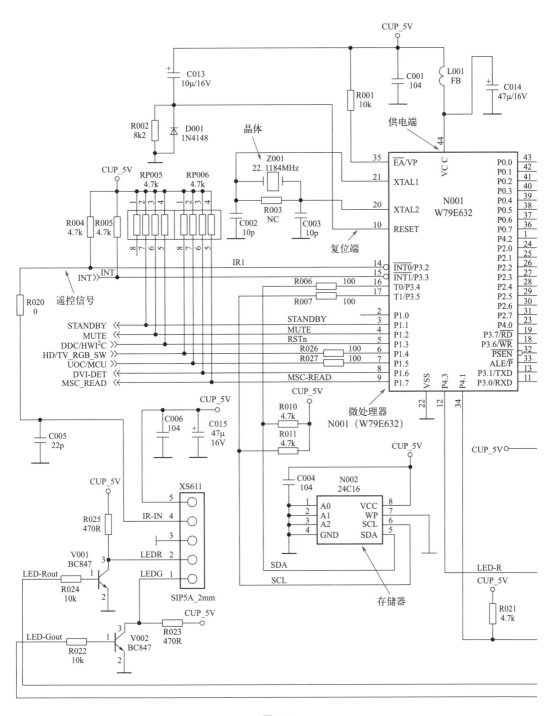

图18-7

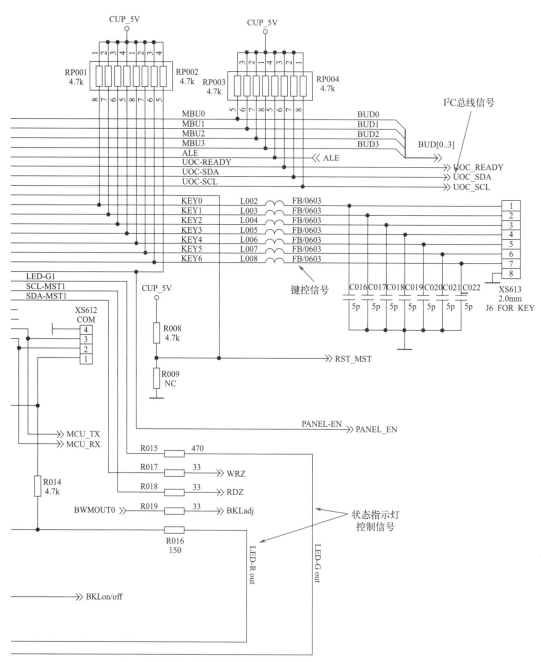

(b) 康佳LC-32AS28液晶电视机系统控制电路原理图

图18-7 康佳LC-32AS28型故障机的系统控制电路

按图 18-8 所示，根据故障表现，结合电路图确立检修流程。

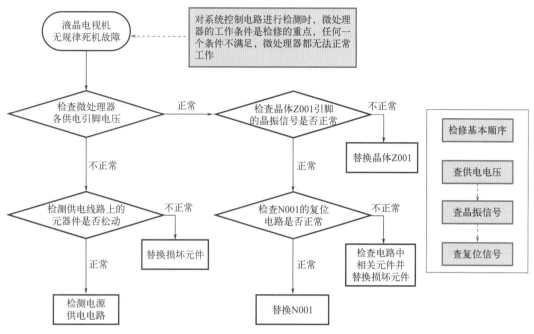

图18-8　康佳LC-32AS28液晶电视机无规律出现死机的故障检修流程

（3）故障检修

按图 18-9 所示，检测微处理器的电源供电引脚的电压值。

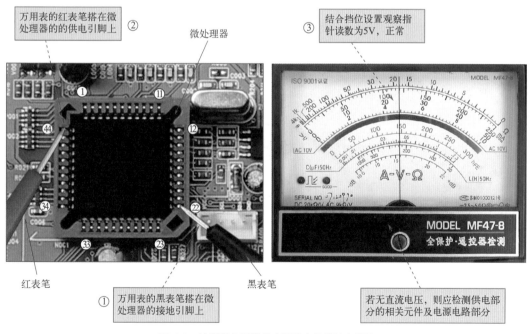

图18-9　检测微处理器的电源供电引脚的电压值

按图 18-10 所示，检测微处理器的晶振信号。

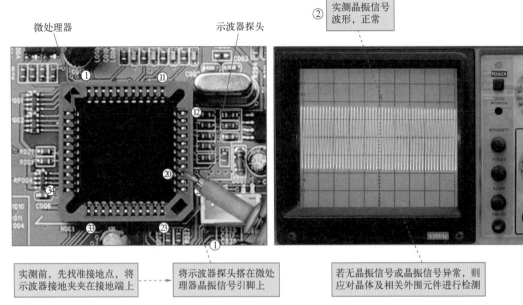

微处理器　　　　　　　　　　　　　示波器探头

② 实测晶振信号波形，正常

实测前，先找准接地点，将示波器接地夹夹在接地端上

将示波器探头搭在微处理器晶振信号引脚上

若无晶振信号或晶振信号异常，则应对晶体及相关外围元件进行检测

图18-10　检测微处理器的晶振信号

相关资料

　　微处理器 W79E632 的 ⑳、㉑ 脚外接 22.1184MHz 的时钟晶体，该晶体与电容器 C002、C003 组成稳定的自激式振荡电路，为 CPU 的正常工作提供基准晶振信号（时钟信号）。对于晶振信号的检测，较简单的方法是用示波器检测，观察开机后有无正弦信号波形。

　　需要注意的是，集成芯片型号不同，其外接晶体的谐振频率也不相同，且有时在示波器屏幕上没有明显的正弦信号波形显示，只有一条水平亮带，一般情况下，该波形也属于正常波形，有时微调示波器的同步旋钮和时间轴旋钮即可得到规则的正弦波信号，如图18-11所示。

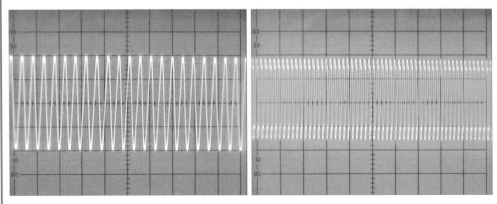

图18-11　不同频率的晶振信号

按图 18-12 所示，检测微处理器的复位信号。

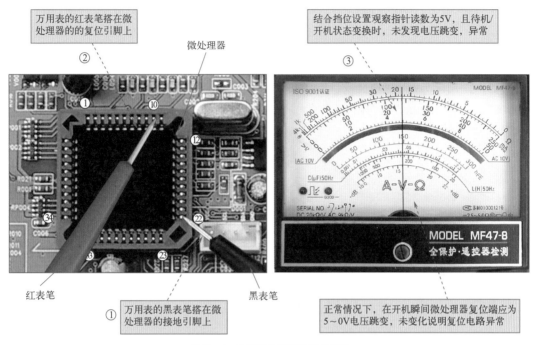

万用表的红表笔搭在微处理器的的复位引脚上
②

微处理器

结合挡位设置观察指针读数为5V，且待机/开机状态变换时，未发现电压跳变，异常
③

红表笔
①

万用表的黑表笔搭在微处理器的接地引脚上

黑表笔

正常情况下，在开机瞬间微处理器复位端应为5~0V电压跳变，未变化说明复位电路异常

图18-12　检测微处理器的复位信号

提示

经检测发现，操作液晶电视机开机按键时，万用表检测微处理器复位端电压一直维持在5V左右，没有发现指针变换的过程，怀疑该电路开机复位信号异常，初步判断该液晶电视机无规律死机的故障是由复位电路不正常引起的。

接下来重点检测复位电路中的主要组成元件，如电容器 C013、电阻 R002、二极管 D001。检测各个元器件是否正常，当检测二极管 D001 时，发现二极管两端阻值为零。用同型号、同类型的二极管更换后，通电试机数小时后液晶电视机没有出现死机或白屏现象，故障排除。

18.9　液晶电视机接口偏色的故障检修示例

（1）故障表现

创维 8TTN 机芯液晶电视机接收电视节目正常，但电脑连接 VGA 接口进行播放视频时，图像偏色。

（2）故障分析

详细分析故障表现可知，创维 8TTN 机芯液晶电视机接收电视节目正常，说明使用调谐器接收电视信号时，整机工作正常。然而，VGA 状态下图像偏色，则应重点检查液晶电视机的 VGA 接口连接是否牢固、接口本身外观有无明显损坏迹象，并检测 VGA 接口电路 R、G、B 三基色传输线路是否异常。

图 18-13 所示为创维 8TTN 机芯液晶电视机 VGA 接口电路，P1 接口是与计算机显卡连接的插座，显卡送来的 R、G、B 视频信号和行、场同步信号经此接口送到液晶电视机微处理器 U4（MST5151LA）中。

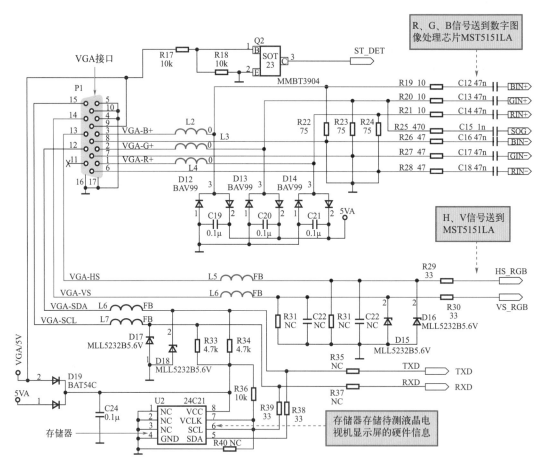

图18-13　创维8TTN机芯液晶电视机VGA接口电路

从电路图中可以看到，来自计算机显卡的 R、G、B 信号经 VGA 接口 P1 的①、②、③、⑥、⑦、⑧脚后送入液晶电视机电路中，分别经电感器 L2 ～ L4、电阻器 R19 ～ R21 和 R26 ～ R28、电容器 C12 ～ C14 和 C16 ～ C18 后，送往数字图像处理芯片 MST5151LA。这三个信号缺少任何一个信号，液晶电视机的图像均会出现彩色异常的故障。

同时行、场同步信号由 VGA 接口 P1 的 ⑬、⑭ 脚输入，经电感器 L5 和 L6、电阻器 R29 和 R30 后送往数字图像处理芯片 MST5151LA 中。

提示

结合上述分析过程可知，对创维8TTN机芯液晶电视机图像偏色的故障，故障范围锁定在VGA接口电路部分，故障检修的基本思路如图18-14所示。

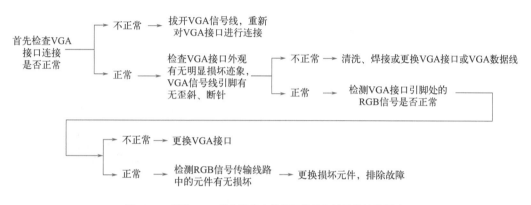

图18-14 创维8TTN机芯液晶电视机图像偏色的故障检修思路

（3）故障检修

根据以上检修分析，首先检查 VGA 接口连接及 VGA 接口的外观、VGA 信号线情况是否正常。

VGA 接口连接及 VGA 接口、VGA 信号线外观的检查方法如图 18-15 所示。

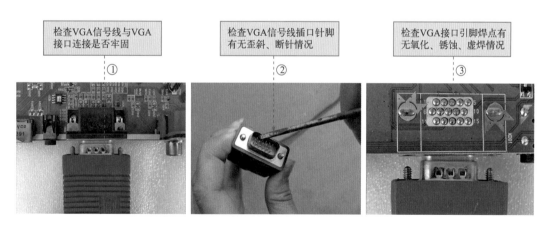

图18-15 VGA接口连接及VGA接口、VGA信号线外观的检查方法

检测结果：连接正常，外观正常。根据检修思路，接下来应检测 VGA 接口引脚处输入的 RGB 信号波形是否正常。

VGA 接口引脚处输入的 RGB 信号波形的检测方法如图 18-16 所示。

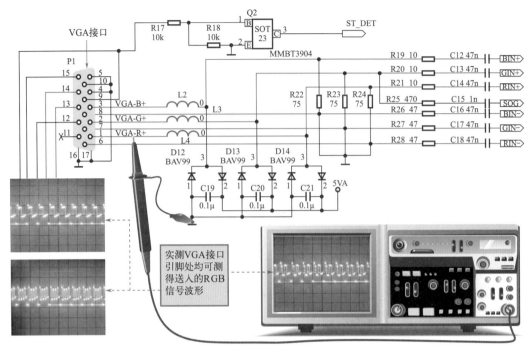

图18-16　VGA接口引脚处输入的RGB信号波形的检测方法

　　检测结果：输入正常。根据检修思路，接下来应检测电感器 L2 ～ L4、电阻器 R19 ～ R21 和 R26 ～ R28、电容器 C12 ～ C14 和 C16 ～ C18 等元件是否存在断路故障。

　　经逐一检测发现，电感器 L3 阻值趋于无穷大，正常应接近零欧姆，怀疑该元件发生断路故障，导致 G 信号无法送至液晶电视机内部，用同型号电感器更换后，通电试机数小时后电视机没有出现无图像现象，故障排除。

附 录　液晶电视机维修技术资料

（1）液晶电视机单元电路

（2）液晶电视机主芯片及相关电路

（3）液晶电视机音频功率放大器及相关电路

（4）液晶电视机音频处理芯片及相关电路

（5）液晶电视机视频处理芯片及相关电路